资助项目：河北省科技金融协同创新中心专项基金项目
　　　　　编号：STFCIC201604
　　　　　河北省高校智慧金融应用技术研发中心项目
　　　　　编号：XZJ2018002C

大数据与多源异构数据建模及应用研究

何志强　崔新会　湛维明　著

燕山大学出版社
·秦皇岛·

图书在版编目（CIP）数据

大数据与多源异构数据建模及应用研究 / 何志强等著. 一秦皇岛 ：燕山大学出版社，2019.12
　　ISBN 978-7-81142-939-8

Ⅰ. ①大… Ⅱ. ①何… Ⅲ. ①数据处理－研究 Ⅳ. ①TP274

中国版本图书馆CIP数据核字(2019)第250655号

大数据与多源异构数据建模及应用研究
何志强　崔新会　湛维明　著

出 版 人：	陈　玉
责任编辑：	杨春茹
封面设计：	朱玉慧
出版发行：	燕山大学出版社 YANSHAN UNIVERSITY PRESS
地　　址：	河北省秦皇岛市河北大街西段 438 号
邮政编码：	066004
电　　话：	0335-8387555
印　　刷：	英格拉姆印刷(固安)有限公司
经　　销：	全国新华书店
开　　本：	700mm×1000mm　1/16　　印 张：14.75　　字 数：232 千字
版　　次：	2019 年 12 月第 1 版　　印 次：2019 年 12 月第 1 次印刷
书　　号：	ISBN 978-7-81142-939-8
定　　价：	58.00 元

版权所有　侵权必究
如发生印刷、装订质量问题，读者可与出版社联系调换
联系电话：0335-8387718

前 言

本书围绕多源异构数据的处理与应用展开,系统地阐述了互联网时代对于多源异构数据处理的重要意义,全面、客观地叙述了对多源异构数据进行处理的相关技术,详细地分析了多源异构数据的主要应用场景。可为相关领域的学生、项目开发人员及科研人员提供必要的理论参考。

全书共分八章,其中第1章绪论主要介绍多源异构数据处理的相关研究现状、预备知识、传统数据与多源异构大数据的区别。第2章网络用户特征分析的创新驱动力——互联网大数据主要介绍大数据的来源与价值、大数据带来的挑战和机遇、多源异构大数据用户建模特点及优势。第3章数据预处理主要介绍数据预处理的目的和意义、原始数据的基本特征、数据预处理方法及应用。第4章用户特征指标设计主要介绍用户画像问题概述、用户画像与大数据的关系、用户画像模型构建等内容。第5章多源异构数据的约简问题主要介绍互联网多源异构数据约简的必要性、数据约简的主要方法、基于粗糙集的多源异构数据约简及应用。第6章多源异构用户大数据建模重点介绍数据建模技术总结、用户数据建模的主要方法。第7章多源异构数据的企业级应用总结若干种多源异构数据建模的应用场景。第8章多源异构数据在个人信用评估中的应用以信用评估为例,展示了多源异构数据处理与建模的一个完整应用流程。

本书由何志强、崔新会、湛维明、聂燕敏、申晨、裘咏霄、柳凌燕参与。具体分工为:崔新会负责第1、2章,聂燕敏负责第3章,申晨负责第4章,湛维明负责第5章,裘咏霄负责第6章,何志强负责第7章,柳凌燕负责第8章。全书由何志强完成统稿和审阅。本书的撰写受河北金融学院重点科研基金和智慧金融应用技术研发中心支持。

由于时间仓促,不妥之处欢迎读者批评指正。

目 录

第1章 绪论 ... 1
  1.1 研究背景和意义 ... 1
  1.2 国内外研究现状 ... 3
  1.3 预备知识 ... 5
  1.4 传统数据与多源异构大数据 ... 12
  1.5 本书的研究工作和组织结构 ... 15

第2章 网络用户特征分析的创新驱动力——互联网大数据 ... 17
  2.1 研究动机 ... 18
  2.2 大数据的来源与价值 ... 19
  2.3 大数据带来的挑战和机遇 ... 28
  2.4 多源异构大数据用户建模特点及优势 ... 33

第3章 数据预处理 ... 34
  3.1 数据预处理的目的和意义 ... 34
  3.2 原始数据的基本特征 ... 36
  3.3 数据预处理方法及分类 ... 37
   3.3.1 数据预处理的分类 ... 37
   3.3.2 数据预处理方法简介 ... 39
  3.4 数据预处理技术 ... 49
   3.4.1 数据集成 ... 49
   3.4.2 数据集成 ... 53
   3.4.3 数据变换 ... 54

3.5 降维问题 ... 56
3.6 案例分析 ... 59
 3.6.1 案例一：软件工程师求职信息挖掘 ... 59
 3.6.2 案例二：银行客户精准营销案例 ... 67
 3.6.3 案例三：客户分类案例 ... 72
3.7 本章小结 ... 76

第4章 用户特征指标设计 ... 78

4.1 用户画像问题概述 ... 78
 4.1.1 用户画像的概念 ... 78
 4.1.2 用户画像的作用 ... 78
4.2 用户画像与大数据的关系 ... 79
4.3 用户画像的指标参数 ... 81
 4.3.1 按照用户反馈类型分类 ... 81
 4.3.2 按照指标的属性分类 ... 81
4.4 基于属性约简的指标体系优化方法 ... 83
 4.4.1 属性约简对于指标体系优化的意义 ... 83
 4.4.2 属性约简的一般方法 ... 84
 4.4.3 指标体系优化方法 ... 87
 4.4.4 数字图书馆用户指标体系优化实例 ... 88
4.5 本章小结 ... 89

第5章 多源异构数据的约简问题 ... 90

5.1 研究动机 ... 90
 5.1.1 互联网多源异构数据约简的必要性 ... 90
 5.1.2 个人多源异构数据建模下的信用数据特征 ... 91
 5.1.3 企业多源异构数据建模下的信用数据特征 ... 97
5.2 数据约简的主要方法 ... 98
 5.2.1 多源异构数据约简的意义 ... 98

5.2.2 多源异构数据约简的分类..................102
　　5.2.3 基本的数据约简算法......................103
5.3 基于粗糙集的多源异构数据约简..................106
　　5.3.1 经典粗糙集模型..........................106
　　5.3.2 基于粗糙集模型进行属性约简的主要方法......110
　　5.3.3 基于粗糙集信息熵模型的数据约简方法及其应用..115
　　5.3.4 粗糙集属性约简法的优缺点..................121
5.4 小结..122

第6章 多源异构用户大数据建模...................123
6.1 数据建模......................................123
　　6.1.1 线性回归................................127
　　6.1.2 非线性回归分析..........................129
　　6.1.3 最小二乘法..............................129
　　6.1.4 主成分分析法............................134
　　6.1.5 K-means 算法..........................137
　　6.1.6 决策树算法..............................140
　　6.1.7 ID3 算法................................142
　　6.1.8 神经网络算法............................145
　　6.1.9 BP 网络模型.............................147
6.2 用户数据建模..................................149

第7章 多源异构数据的企业级应用.................152
7.1 相关支撑架构的变化............................152
　　7.1.1 传统的企业级数据处理技术——数据仓库......152
　　7.1.2 现在及未来的企业级数据应用架构...........154
7.2 多源异构数据的企业级应用......................160
　　7.2.1 多源异构企业级应用1——企业决策支持应用...160
　　7.2.2 企业级应用2——科技型企业投资价值分析....168

7.2.3 多源异构大数据在解决科技型企业融资风险中可发挥的
        作用 172
   7.2.4 多源异构大数据在 B2B 企业信用评价中的应用 174
   7.2.5 多源异构数据在投资舆情分析中的应用 179
 7.3 本章结论及展望 187

第 8 章　多源异构数据在个人信用评估中的应用 188
 8.1 个人信用评估相关理论概述 188
   8.1.1 个人信用的基本含义 189
   8.1.2 个人征信的基本含义 190
 8.2 国内外个人征信体系发展概述 190
   8.2.1 美国个人征信体系发展概述 191
   8.2.2 欧洲个人征信体系发展概述 195
   8.2.3 日本个人征信体系发展概述 195
   8.2.4 我国个人征信体系发展概述 196
 8.3 国内外个人信用评估研究进展 197
   8.3.1 个人信用评估的基本流程 197
   8.3.2 国外个人信用评估方法研究进展 199
   8.3.3 国内个人信用评估方法研究进展 200
 8.4 基于多源异构的个人信用评估的指标体系研究与构建 201
   8.4.1 个人信用评估指标体系中多源异构数据的采集 202
   8.4.2 基于多源异构的个人信用评估指标体系构建原则 ... 203
   8.4.3 影响个人信用的因素分析 206
   8.4.4 基于多源异构的个人信用评估模型研究 209
   8.4.5 多源异构个人信用评估的发展方向 212

参考文献 213

第1章 绪 论

1.1 研究背景和意义

大数据已经成为目前各行各业的热词，多源异构这一名词也随着大数据应用的深入频繁出现在各个领域的创新评论中，时下几乎成为与创新捆绑的关键要素。多源异构大数据真正的含义是什么，大数据具有什么样的特性，以及给行业应用创新带来了哪些机遇，我们又当如何利用大数据的价值等问题已经摆在我们面前。特别是随着数据融合的需求和发展趋势愈发显著，需要很多在传统应用中相对独立的信息子系统之间的融合，期间面临数据格式多样性、非结构化数据采集、数据融合等问题，以及数据融合后的应用创新等。因此近年来多源异构数据融合及利用成为数据行业研究与应用的热点问题。

过去的30年中，信息技术应用从20世纪80年代起步，到90年代到21世纪初期的快速发展，再发展到如今渗透到了社会的各个角落。在这一发展过程中，随着信息设备和信息应用软件的多样化，人类社会产生数据的方式和数量均发生了日新月异的变化。信息技术发展起步阶段，信息的产生主要依赖人工以及小型业务数据库，甚至数据库之间的联网共享都很难做到；90年代以后，随着局域网技术的成熟，园区网快速推广和互联网接入技术的快速变革，加上万维网技术推进了用户交互的快速发展，数据的累积速度显著加快，基于业务的信息互联成为这一时期数据产生的主要驱动力，使信息互联的方式得到了极大的改变，特别是近10年间，移动互联网、物联网的广泛应用和人工智能技术、并行计算处理技术的快速发展，人类产生数据无论是维度、复杂度还是数量均有了很大的提高，这既给数据处理带来了挑战，同时也为数据的深度融合与应用带来了前所未有的机遇。

大数据处理和分析技术随之成为信息技术领域的研究热点，以云计算为代表的海量异构数据处理技术得到了快速发展,数据处理能力的增强给数据端系统的应用创新提供了更大的空间,并且随着研究的深入,技术的进步又反过来带来了新的数据产生方式和驱动力。例如以智能手机代表的移动互联网,应用的深入发展一方面催生了应用的创新,出现了大量的以电子商务、社交、支付、垂直领域创新为代表的新应用,而与此同时应用创新也在反过来推动信息采集和数据分析需求的快速发展,特别是在电商、支付、兴趣点等领域,在移动互联网的支持下,信息的透明度在不断加强,深层次的商业价值和更加人性化的服务挖掘已经成为可能;再例如 LBS 应用从起初的位置搜索、导航应用逐步向商业信息推送与精准营销、社交网络等很多领域渗透,随之带来的就是纯位置数据已经无法满足 LBS 应用进一步发展的需要,而是需要融合更多种类的用户数据才能达到更高的分析准确度,从而发掘其中的应用和商业价值。

可见,在大数据条件下实现数据分析与挖掘,推动应用向更深层次发展,其研究的关注点已经从传统的强关联数据逐步向更多数据源及其产生的弱关联数据拓展。更重要的是,基于移动互联和物联网技术采集的网络用户数据,具有相当高的客观度,能够基于这些数据实现用户特征更加客观的刻画,这一点为未来大数据的深度应用带来了巨大的发展空间。多源异构数据在公共安全、生物、医疗等领域已经有了初步应用,证明了多源异构数据融合对于提高推演结论的准确度的有效性。在经济金融领域,随着金融信息科技的快速发展,充分利用金融大数据开展金融应用创新成为金融行业未来的发展突破口,例如传统商业银行除了纷纷推出网上银行之外,在网店业务创新、创新理财产品、营销、对公业务、产品营销等很多方面进行了创新,这些创新均有大数据技术和人工智能在背后的支持,近几年得到快速发展的互联网金融更是金融和信息深度融合的发展成果,随着近期互联网金融发展从粗放增长向理性的转变,创新产品开发和风险控制成为互联网金融向更深层次发展的必由之路;此外,工业界出现了工业 4.0、工业互联网、智能制造、管控一体化、人机一体化等各种基于大数据、互联技术的变革概念,已经在工业生产领域产生了显著的引领作用,我国也在工信部的主导下在多家制造企业实施了智能制造试点项目。

1.2 国内外研究现状

尽管关于多源异构数据融合及其应用的研究起步较早，在气象、电力、医学、金融等领域均有学者开展过相关研究，但其真正得到广泛研究与应用是随着大数据技术的快速发展而发展的。其主要原因在于多源异构数据的主要应用领域是对传统模式下数据挖掘支持下的决策系统的改进，而多源异构数据往往需要采集大量的弱关联数据，从而实现对基于强关联数据挖掘的优化与改进，而实现弱关联数据的有效利用并实现知识发现，则需要海量数据作为支撑，因此多源异构数据融合及其相关应用研究是与大数据技术的发展关系紧密、不可分割的。从目前已有的研究成果来看，多源异构大数据相关研究主要包括如下几个方面：

1. 传统信息系统的数据融合

由于互联网发展初期，信息系统和数据采集的覆盖范围相对有限，且相对孤立的各个独立信息系统之间的数据价值尚未被充分挖掘，因此基于传统信息系统实现数据融合是多源异构数据早期的主要研究内容。

华东师范大学的于亚秀等人立足于学科评估系统决策创新，从多源异构数据库入手，整合了图书馆数据、学校职能部门数据和第三方数据，在跨数据库信息融合、数据清洗与预处理、指标设计与权重、决策支持系统模型这几个主要方面开展了研究工作，在解决不同职能部门不同信息系统之间的"信息孤岛"问题中做了有益探索，提高效率的同时，能够提高信息系统更加科学的实现学校的决策支持。

曾汪旺等人面向医院信息系统应用，针对传统数据仓库需要离线处理实时数据效率低下，以及需要预制规则难以满足时变系统的问题，提出了通过增加中间件构建新的数据采集子系统，并设计了增量式映射管理平台完成模式匹配和语义转换，初步解决了医疗系统中各信息子系统的数据融合问题。

宋晓红等人为了解决地理国情普查过程中整合数据的需要，设计了以基础地理数据为基础，融合遥感数据、专题数据和其他附加数据的数据整合方案，采用了数据聚合架构模式进行数据自动整合。

谢国才等人针对电力系统中各调度中心独立建立模型参数库，缺乏协同以及一致性差的问题，提出了一种基于多源异构数据的电网参数融合方法，该方法通过构建通用模型知识库实现不同子系统不同标准参数的统一识别，从而达到消除不同横向系统参数规格不一致问题并实现数据的有效融合，为电网大规模调度提供支撑。

李治强等人面向信用系统建设的需要，以改变信用分析过程中信息分散以及不对称的情况为目标，研究了分布式异构数据库的特征，设计了基于 XML 的异构数据存储和交换的方法，并灵活运用了 B/S 软件设计方法设计了用户访问界面和用户访问控制策略，实现了独立、分离的信用相关评价数据的初步整合。

梁庆发等人针对国土资源规划过程中需要整合多个数据源信息，在整合过程中面临数据格式多样、特殊的问题，在分析了数据的种类的基础上，专门设计了数据目录节点，实现了面向 GIS 整合信息需要的数据访问接口。

丁才华在改进入侵检测的研究中，利用了多源异构数据，试图整合防火墙、漏洞扫描、防病毒系统、入侵检测系统等分离、格式各异的数据，用于实现入侵行为的关联分析，并利用人工智能理论，提出了关联了多源异构数据的入侵检测方法，利用语义 Web 实现知识框架的统一表达。

刘岩等人研究了智慧城市对大数据分析应用的需求，分析了大数据技术 Hadoop 的发展现状和特点，结合现有数据源的数据特征，设计了智慧城市数据采集框架和处理流程，并面向视频处理和检索做了初步应用。

2.Web 大数据融合研究

化柏林等人对大数据环境下多源信息融合作了论述，认为传统的多数据源研究不能完全适应大数据互联网时代的多源异构数据融合，在理论层面应当从多元表示原理、相关性原理、意义构建理论三个主要方面开展研究；而数据的融合主要包括内部与外部数据融合、历史与实时数据融合、线上与线下数据融合；多源异构数据的处理则涉及统计、模糊推理以及人工智能等方法的有机结合。

刘叶婷等人研究了大数据在信用行业的应用现状和前景，对互联网大数据发展现阶段能够作为信用分析的数据源及其特征作了分析，设计了信用大数据的形成与应用路径，对信用大数据在政务、商业、民用等领域的应用作了探讨。

马晓红深入研究了面向个人用户描述的可视化和建模相关理论,提出了针对互联网大数据的多源异构数据整合和分析方法,构建了人物本体,对多源异构非结构化数据进行了语义整合,实现了互联网用户特征的可视化和分析。

3. 多源异构数据融合方法研究

林海伦等人研究了面向大数据的知识融合方法,研究了利用贝叶斯网络实现知识评估用于解决不同数据源的信息冲突或不一致性,以及实现网络知识扩充中实体扩充、关系扩充和分类扩充,并基于开放知识网络提出了互联网大数据知识融合的框架。

姜建华等人针对多用户决策问题开展了研究,分析了权重、D-S证据理论、投票等多源异构数据的整合方法,对定性数据和定量数据的描述及支持计算进行了深入分析,基于OWA算子设计了数据融合算法。

惠国保立足于信息化战争中情报数据分析的需要,结合深度学习研究多源异构数据的融合问题,利用特征学习和深度学习构建多源异构数据融合模型,对多数据源数据进行训练学习,实现深层特征的多源异构数据学习模型。

李会民等[14]研究了多传感器场景下的多源异构数据融合方法,分析了支持向量机在多源异构数据融合中的应用原理,设计了基于SVM的数据融合流程,通过试验证明了该方法能够对数据融合及其后续决策提供有效支持。

1.3 预备知识

1. 多源异构数据融合的基本含义

由于涉及应用领域广,不同领域之间的应用特性又存在很多差异,且前期研究成果中大部分成果的着眼点是围绕某个特定行业的细分领域,因此目前关于多源异构数据尚未有严格统一的定义,我们对于多源异构数据融合定义为:在不显著改变现有各信息平台(或子系统)的条件下,提出一种通用的能够支持现有各信息平台(或子系统)的数据集成模型实现数据多维度、多空间的集成,实现异构数据源透明、统一的访问,并能够保证数据的完整性、一致性和不同数据源的信息互补,为进一步挖掘和利用数据提供支持。从多源异构数据的概念中,可以看出多源异构数据融合具有如下几个显著特征:立足现有数据,实现统一访问，提高完整程度，支持高级应用。

第一，立足现有数据这一特征是多源异构数据应用的基本特性。该特性说明多源异构数据融合并不是简单的在现有的信息系统生态中再增加一个独立的信息系统，而是要立足于解决传统信息系统应用过程中由于时代和技术发展限制所造成的历史性信息互访壁垒，使在传统应用模式下相互隔离，使物理或逻辑上无法互访或缺乏整合驱动力的数据之间产生有效的关联，在此基础上进一步开发统一的数据访问界面和设计数据访问控制权限，从而创造出在更大范围内实现数据利用的数据访问和应用创新模式。这种模式的出现是信息技术发展到一定阶段，现有的已经形成"信息孤岛"状态的分离的信息子系统无法进一步支撑效率提升或应用创新时的必然发展结果，同时也是由于用户投资、业务迁移与过渡、标准差异、访问控制等诸多客观原因限制的条件下，尚无法实现各种业务系统集中到同一个数据源的情况下，实现有效数据统一访问的折中实现方案。

第二，实现统一访问意味着多源异构数据融合实现了数据逻辑上的整合，即在物理上分离的多个数据源的基础上，通过更加通用、抽象的数据访问接口，实现标准、技术存在显著差异的不同数据源的访问，因此实现多源异构数据融合对于融合平台的数据访问接口有较高的要求，故多源异构数据应用一般需要在现有的分离的信息子系统数据访问接口的基础上构建一个能够支撑现有异构数据源的虚拟数据访问层，该数据访问层应当使用支持最广泛的技术或标准来构建。目前 XML、Web Service 等较为成熟的技术已经可以为多源异构数据融合提供较好的支持，且目前随着 B/S 软件逐步替代传统 C/S 软件的趋势日渐明显，基于 Web 的通用数据访问接口设计将是多源异构数据融合数据访问接口技术发展的重点内容。

第三，提高数据的完整度是指多源异构数据融合带来的直接效益，通过整合多个数据源的数据将能够实现特定分析对象更加全面的特征描述，同时多数据源融合可以发现和处理数据缺失或不一致的情况，从而实现更加可靠和完整的数据描述。例如针对消费者的电子购物记录能够较为准确地刻画用户的属性特征，从而提高营销信息推送的精确度，但若能够整合该用户的微博、网站浏览习惯等信息则将使用户的属性特征描述的准确度大大提高，这是单纯利用某个信息系统或平台所无法实现的。从另外一个角度来看，正是由于需要融合多种数据实现描述信息扩充，给信息处理带来了极大的难度，特别是近期互联网大数据在用户特征描述中的应用日趋重要的背景下，互联网大数据往往具有实时、非结构化等与传统信息系统数据截然不同的特征，给数据处理带来了挑战。因此，随着多源异构数据融合的发展而来的诸如语义、特征提取、降维等理论与技术成为支撑多源异构信息融合的关键。此外，不同数据源经过语义抽象后必然存在对相同对象同一特性或指标的描述存在偏差的情况，因此排错或排除歧义也是多源异构数据融合过程中的关键步骤，该过程需要人工智能、机器学习理论的支持。

第四，多源异构数据融合集成了大量信息子系统的数据，因此其信息描述维度得到了显著提升，无论是在数据分析应用还是数据挖掘或建模应用中，多源异构数据均能够提供比传统信息系统更好的支持，使多源异构数据实现更加高级应用扩展成为可能，例如可以通过构建更加复杂的本体描述模型实现用户属性建模，在此基础上可以完成更加准确的用户行为分析与推断。此外，在经济领域，多源异构数据融合能够实现更有广度和更深维度的数据统计、分析与挖掘，从而实现从微观到产业链乃至整个宏观经济的分析与预测。

2. 多源异构数据和大数据

关于大数据，麦肯锡全球研究是这样定义的：一种规模大到在获取、存储、管理、分析方面大大超出了传统数据库软件工具能力范围的数据集合，具有海量的数据规模、快速的数据流转、多样的数据类型和价值密度低四大特征。多源异构数据融合是建立在大量传统信息资源集成的基础上实现的，数据资源无论是规模、形态还是维度均比传统的相对孤立的信息系统中的数据要大得多，因此形成大数据是多源异构数据融合的最终结果。多源异构数据的融合和有效利用同样带有十分典型的大数据特征，因此相关的研究需要使用大量的大数据领域的研究方法或工具。此外，多源异构数据研究仍需将现有的信息系统数据作为主要的数据来源，因此多源异构数据融合相关研究仍需要使用大量的传统方法。因此，多源异构数据融合研究主要需要如下理论和工具：

（1）标记语言 XML 的多源异构数据融合

XML 是由 W3C 在 1998 年批准的可扩展标记语言的标准，通过该标准可以实现对文档和数据的结构化处理,可以实现更加方便的数据交换。由于 XML 使用开放的描述方式定义数据,在文档中使用标签存放信息,并采用嵌套和引用来表示元素之间的关系,因此能够实现灵活、可扩展的结构化存储,既能够描述结构化数据也能够描述半结构化数据,且不同的系统平台均提供了对 XML 很好的支持,因此 XML 能够为多源异构数据融合创建统一的数据交换模型、屏蔽不同数据源数据异构性提供有效的技术保证。

(2)基于本体的多源异构数据集成

本体源自于哲学中事物的本质描述,而在信息科学领域,本体则是概念模型的规范化描述,第一个信息领域本体的概念是斯坦福大学知识系统实验室在 1993 年提出的,认为"本体是概念化的准确描述"。在现阶段的大数据和多源异构数据融合应用中,其主要目标是更好地完成知识表达,并帮助用户在数据含义表达上更容易达成共识。在现代电子信息技术发展早期,由于数据量较小,数据处理、迁移以及推演操作的难度不大,因此当时的数据处理相关研究更加注重方法研究,而随着物联网、移动互联网、大规模数据库等领域的快速发展,为很多创新应用的发展奠定了基础,同时催生了更加复杂的数据处理需求,信息系统所面对的数据体量出现了巨大的变化,在现有的通信技术条件下,传统的数据移动、传输和处理方法很难适应大体量数据的应用需求,因此从本体数据模型入手而非从算法和处理过程入手是更加适合大数据处理的方法。

(3)非结构化数据研究

在传统模式下,由于数据是针对需要解决的业务逻辑设计的,因此计算机只需直接处理结构化或半结构化数据即可,数据的表达、规格、语义、语序等均已有了十分明确的定义,因此传统的结构化数据几乎不需做预处理或仅需做少量预处理即可加以利用;而互联网大数据中占据总量绝大多数的数据是非结构化数据,且数据的存在形式具有很强的多样性,例如网页、PDF 格式、Word 格式、静态图片、动态图片、视频、音频等,显然这些数据具有数据结构或规则不完整、无数据模型、难于使用传统数据库技术等问题,因此预处理工作在多源异构大数据应用中占有重要的基础地位。此外,由于非结构化数据来源复杂,数据可能来自邮件、实时聊天记录、网络评论、社交网络、招聘网站、Word 文档、PDF 文档等各种数据源的有价值信息提取,而传统的关系型数据库由于其主要面向基于结构化数据的事务处理和分析，例如相似性检索、相似性连接等均无法在传统关系型数据库中完成，且非结构化数据的存储往往具有格式多样、分布式或离散等特点，目前有广泛采用云存储技术的趋势。因此，近年来针对非结构化数据处理出现了很多技术，例如基于传统结构化数据库扩展而来的 NoSQL 数据库、面向云平台的非结构化数据存储管理技术等，均是目前挖掘低价值密度数据较为有效的技术手段。

（4）语义提取技术

在构建多源异构大数据源的过程中，除了各传统信息子系统的高价值密度数据外，互联网将是其最大量的数据来源，由于万维网在互联网信息存储和发布中占据统治地位，因此多源异构大数据应用中原始数据存在的最主要的形式之一为万维网，即 Web 形式，因此当基于互联网形成多源异构大数据的过程中，需要汇集大量的互联网 Web 数据，如何有效正确地利用 Web 数据是多源异构大数据应用中需要突破的另一个主要问题。Web 数据利用的难点在于，Web 数据的组织方式首先是以满足人的阅读和理解作为出发点的，导致数据的存储和构成以人类语言为基础，这导致 Web 数据先天不适用于计算机的直接理解；此外，由于 HTML 的内容拓展空间非常大，使 Web 数据中除了文本外还包含了越来越多的诸如图形、图像、音频、视频等多媒体数据，并且随着网络性能的不断改善和用户的网络使用习惯的变化，这些多媒体数据正逐渐成为万维网数据存在的主要形式，因此 Web 数据的体量大、价值密度低、价值维度高的特点被进一步放大。而在多源异构数据应用中，大多数的应用目标并非围绕原始数据展开，而是需要提取出原始数据背后所代表的抽象含义，例如网页文字的语义，演讲音频中表达的文字及其含义，或者图片的内容描述等等，为了有效利用 Web 中的信息，很多研究者开展了相关研究，例如通过引入语义 Web、关键词提取、自然语言处理等技术完成文本内容的识别与预处理，针对多媒体信息可利用音频识别、图像标注等模式识别手段实现。

（5）基于深度学习的自然语言处理技术

如前所述，在多源异构大数据应用场景中，由于互联网是构成数据源的重要组成部分，其中最容易提取的信息则是文本格式信息，其最主要的来源则是来自网页文档中的文本。网页中的文本信息是按照人类阅读习惯组织，即按照人类大脑信息处理的方式组织安排的，计算机即使能实现文本提取，也很难输出其具体含义，在大数据应用日趋深入的今天，基于计算机的自然语言处理技术受到了越来越多的重视。自然语言处理（NLP）的相关研究已经有了多年历史，早期在计算机的处理性能十分有限的条件下，不具备利用人工智能、模式识别理论实现自然语言处理的基础条件，因此早期的自然语言处理大多是基于统计学方法来实现；之后随着神经网络理论的提出，加上神经网络的思想就是模拟大脑的神经结构，因此逐渐有研究者尝试把神经网络用于自然语言处理中；近几年，随着深度学习研究成果不断出现，深度学习在图像分析、语音分析、文本分析等方面表现良好，很多学者尝试把深度学习用于自然语言处理中。与传统机器学习方法不同的是，深度学习试图自动完成数据表示和特征提取工作； 并且更强调通过学习过程提取出不同水平、不同维度的有效表示，以便提高不同抽象层次上对数据的解释能力，因此从认知科学角度来看，深度学习的思路与人类学习机理非常吻合。因此，采用深度学习实现自然语言处理，在多源异构大数据预处理和整合的过程中会有非常大的应用空间。

（6）云计算

自移动互联网诞生以来，数据的爆炸增长一直在呈现加速的趋势，大数据的存储和有效处理也成为目前多源异构大数据得以有效利用必须要解决的主要问题。大数据的"大"并非仅仅体现在数据的体量上，更重要的是数据的复杂性和价值维度均达到了前所未有的高度，因此传统的数据处理工具很难实现对大数据的有效存储、管理和处理。在多源异构数据融合应用中，数据采集、存储、管理、处理、统计、挖掘、建模等各个方面，均面临着大数据所带来的挑战。针对海量数据处理很多传统数据库技术服务商提出了商业化的解决方案，但这些方案往往存在需要较高的软硬件投入，且用户个性化需要满足程度低，二次开发难度大等问题。而开源云平台则给用户提供了另一种低成本的可选方案，云计算由于采用了虚拟化技术，通过把各种资源抽象虚拟化后形成抽象资源（例如内存、存储、CPU 等），并将各种抽象资源纳入云服务器管理后形成资源池，云服务器可从资源池中提取资源向用户提供各种服务，且其广泛采用的 Mapreduce 机制能够实现海量规模任务的分布化处理，可见云计算提供的服务具有非常大的伸缩性，相比于传统的数据处理技术，其对大数据的适应能力更强。此外，目前的主流云计算服务在硬件拓展方面灵活性更好，这使用户能够以较低的成本搭建和发布云服务，并可充分利用现有的硬件资源，提高资源的利用率。因此，在多源异构数据融合应用中无论是数据采集、存储还是后期处理，云计算将能够提供更符合需要的技术解决途径。

（7）非关系型数据库

在现有的传统信息管理系统中，关系型数据库仍旧占据主流地位，关系型数据库由于采用了关系模型来组织数据，其采用的二维表结构十分接近现实世界的数据记录方式，使用通用的 SQL 操作语句使数据库的操作非常简便且具有很好的代码可移植性，且数据库采用了 ACID 属性使数据的冗余和不一致概率大大降低，具有理解容易、使用方便、易于维护等诸多优点，因此在过去的相当长的一段时间内，关系型数据库占据了数据库应用的主流，常见的数据库包括 Microsoft SQL Server、DB2、MySQL、Oracle 等。但关系型数据库存在海量数据读取操作性能差、数据库扩展难度大等问题，这些缺点在进入大数据时代后表现尤为突出。

进入移动互联网和大数据时代，移动互联、Web 等应用对数据的一致性要求相对较低，而对数据的读写性能要求非常高，例如微博、Facebook 等，这种应用场景下，传统的关系型数据库性能已经无法满足需求，所以必须用一种新的数据存储技术来替代关系型数据库，因此非关系型数据库应运而生。

非关系型数据库一般是指非关系型的、分布式的，不保证数据原子性、一致性、隔离性和持久性的数据库，常见的非关系型数据库有 NoSQL、Redis 等。与关系型数据库主要来自商业软件不同，非关系型数据库以开源软件为主，很多是针对特定的应用需求而出现的。且非关系型数据库缓存利用率高，且数据存储是基于键值对的，不需要 SQL 解析，能够动态地增加或删除节点，因此具有成本低、适合大量数据场景、数据格式支持灵活、可扩展性强等优点。因此，在大数据应用场景中，非关系型数据库得到了越来越广泛的应用，它的这些特点特别是其性能和在数据格式支持灵活性方面的特点，也使其非常适用于多源异构大数据的应用场景。

1.4 传统数据与多源异构大数据

传统数据和大数据具有非常大的差别，也可说是全方位的差别。这些差别体现在数据的产生与形成、数据存储、数据的传输方式、数据格式、数据的价值特征等各个方面，此外，传统数据和大数据的利用方式也存在很大的不同，传统数据的应用受制于原有业务系统的功能，而大数据则提供了非常大的应用想象空间。可以说大数据的出现，使通过数据描述对象的操作可以变得空前丰富，多源异构大数据更是能够整合传统数据和互联网大数据的优势。因此，相比于传统数据，多源异构大数据能够带来更大的挖掘利用价值空间，但从另一个角度来说，大数据的价值和应用带有相当大的不确定性，这一点与传统数据存在很大的差别。笔者认为，传统数据和大数据的差别主要有如下几个方面：

1. 产生的驱动力不同

传统数据大多数来自于支撑传统业务的管理信息系统例如财务核算系统、企业 ERP 系统、对公或个人信贷系统、人事管理系统等领域的应用，建设这些系统的出发点就是传统的业务管理运行所需要实现的业务电子化，而传统业务在实现电子化时必然要求其功能需求十分明确，因此此类信息系统会采用传统的结构化数据库支撑系统的运行，例如 access、SQL Server、Oracle 等等，且数据库的设计也是纯粹基于业务系统运行的需要，且其存储的大多是根据业务运行需要已经做了抽象化或标准化规定的数据。因此，传统数据具有数据"小而精"的特点，即一般情况下实现特定个体描述的相关信息只有 KB 级别或者 MB 级别。

大数据的产生和发展是伴随着互联网特别是移动互联网的发展而出现的，在如今的互联网应用中，尽管存在各种不同类型的 App 或网站及其他应用，但这些应用在底层是由 B/S 软件来支撑的，即万维网数据仍然是目前互联网最大数据的主体。由于万维网数据的容器特性，随着标准的不断升级，其承载的数据格式也越来越具有多样性，例如普通文本数据、音频数据、视频数据、图形图像等，这些数据的主要作用是除了承载信息传播的功能外，还要尽量满足提升用户体验的需要，因此数据的组织、格式等均以最大化的满足用户阅读为首要目标，因此多源异构大数据应用中，除现有的信息系统的结构化数据外，更多的要面对格式多样的非结构化数据,且这些数据的结构和存在形式并不都能使其很好地被计算机系统识别和处理。

多源异构大数据与存储在结构化数据库中的数据相比在多个方面存在着巨大的特性差异。首先,其数据体量比传统结构化数据大很多,一般最低是 MB 级别,而 GB 乃至 TB 及以上级别也十分普遍,显然这些数据在大多数情况下依靠传统的数据库技术和存储技术处理并存储是具有相当大的技术难度的;其次,数据提取的技术要求较高,传统数据只需要实现数据库的接口即可完成对接,进而实现数据的增删改查等各项操作,而互联网大数据由于数据承载媒体格式的多样性,可能涉及文本及语义识别、图像识别、音频识别、自然语言处理等多种模式识别技术,将其转换成带有特定格式的语义标签或数字表达信息后方可被计算机认识并处理,因此模式识别是多源异构大数据应用中一项重要的支撑技术;最后,由于传统数据的存在是基于待解决的业务问题的,因此其数据库字段信息、数据长度、数据类型等均已经做了限制,因而无需考虑高维度数据和数据格式归一化等问题,而互联网大数据由于数据来源多,语义广泛,在形成描述对象模型时,其数据维度往往非常高,同时由于开放数据源的原因必然导致数据的不一致、冗余等问题,因此数据清洗、降维和约简是多源异构大数据应用必须进行的处理步骤。

因此,数据产生的驱动力造成了传统数据与大数据之间存在着非常大的差异,可以说传统数据的"小"代表着传统信息系统的不开放性和信息的受控特性,即数据是围绕着现有待解决的问题而产生的,数据与业务目标具有直接的关联性,这使传统数据具有极高的有效信息密度,但也正是由于数据的产生仅限于解决特定的问题,导致这些数据很难提供业务系统功能之外的拓展信息,因此在为应用创新提供支撑方面存在明显不足。互联网大数据的"大"代表着信息形成的开放性,即数据的产生并非完全取决于需要解决何种问题,尽管其有效信息密度偏低,但相比于传统数据来说这些低价值密度数据往往能够更加深入和客观地反映描述对象的实际状况或趋势,因而蕴含着极高的可挖掘价值,因此可以说数据产生的驱动力不同是传统数据和互联网多源异构大数据体现出不同特性的根本原因。

2.数据对于对象特性描述范围不同

传统数据对于对象的描述是基于业务需要的"抽样"数据，而大数据理论上是能够实现对对象的"全面描述"，造成这一点不同的根源实际上与数据产生的驱动力直接相关。传统数据由于在设计阶段仅面向业务的实现，因此其对特定对象的描述也仅限于与业务相关的数据，即传统数据先天只能实现对象描述的"子集"。而大数据由于在形成过程中，并未收到显著的规则或条件限制，因此大数据对特定对象的描述则能够更加全面，但这种所谓的"全面描述"只是相对的，会受到数据来源、数据产生的手段、数据采集技术或方法等诸多因素的影响。即便如此，大数据对于对象的描述的全面性已经能够远远超出传统的数据所能达到的范畴。

因此传统数据是基于特定规则或目标而设定的描述数据，而大数据是在没有显著规则或目标设定的条件下而生成的开放数据。

3.传统数据与大数据的应用目标不同

传统结构化数据由于受到特定业务驱动，因此其第一要务是为特定的业务提供支撑，而通过挖掘使数据实现更大的价值则是其可选的附加功能，且该附加功能的实现或者实现的效果如何，在很大程度上取决于业务复杂度及其对数据支撑的要求，因此传统数据的核心应用仍然是以统计分析为主，在挖掘与建模方面会受到明显的限制。而大数据由于生成过程不受业务需求的影响，更具开放特性，因此在挖掘与建模的空间和潜力方面相比于传统数据更具优势，可以说传统数据更多的侧重于分析，而大数据则更侧重于未知领域的发现。

4.传统数据与大数据的数据密度不同

传统数据基本上全部采用结构化、关系型数据作为数据源，因此数据中的冗余十分低，有效数据密度很高，在使用传统数据进行分析或挖掘时，只需很少或根本无需清洗数据即可利用，但正是由于传统数据的这些特点导致其附加价值受到限制，即价值密度偏低；而大数据由于来源广泛、格式多样，因此会存在大量的噪声数据、无效数据、冗余数据以及冲突数据等，数据提取、降维、统一表达等均是大数据特别是开放互联网大数据在利用过程中需要面对和解决的问题，因此大数据的数据信息密度相比于传统数据极低，但由于大数据产生过程的开放性，使大数据中蕴含的可挖掘的有价值信息会远高于传统数据，因此价值密度相对较高是大数据具备的另一个显著特点。

5. 多源异构特性

传统数据和大数据在来源和格式方面存在较大的差别。首先需要说明的是传统数据并非意味着单一数据来源，其数据来源也可能是多源的，但就其来源复杂度来说，与大数据存在较大的差异。传统数据由于面向业务支撑，结构规整，数据几乎可无需做初期处理即可直接应用，因此即使数据来源多样，或者数据源是通过整合多个信息子系统的数据而得来的，其数据的可处理性仍然非常高，即使需要做前期处理，其处理过程也往往十分简单，无需消耗过多的计算资源。而大数据其先天就具有来源多、格式差异大的特点，在处理的过程中，一方面需要利用多种工具完成各种格式的数据支持，再利用合理的技术手段实现有效数据的提取，进而实现数据的收集，另一方面还需要利用诸如降维、归一、容错等过程才能实现数据的整合和利用。因此，多源异构特性在相当大的程度上来说，就是大数据的典型特征，尽管传统数据也有多源的情况存在，但首先其来源数量远远无法与大数据的多源相比，且数据格式的多样性问题几乎在传统数据中可忽略不计。

通过上述分析可知，传统数据和大数据特别是互联网大数据存在着非常大的差异，这些差异从根本上来说是由于数据产生的驱动力不同所导致的，进而使两者承载的描述特性、应用对象、信息和价值密度、构成等方面均存在着非常大的不同。但这些不同并非意味着传统数据和大数据孰优孰劣，这两种数据在数据分析与挖掘中均存在着不可替代的作用，此外在进行多元异构数据融合的过程中，传统的结构化数据也是构成多元异构数据的重要来源。若要进行有价值的挖掘工作，需要我们有效地把传统数据和大数据结合起来，发挥两类数据的优势，合理整合数据分析和挖掘方法，才能够构建真正有价值的多源异构数据融合应用。

1.5 本书的研究工作和组织结构

本书的研究工作主要分为如下几个主要部分，第一部分是针对基于互联网大数据的用户建模开展研究工作，试图利用多源异构大数据完成针对特定个人或企业用户的模型构建；第二部分主要工作是数据的预处理，主要的研究内容是以形成多源异构数据时对互联网大数据的处理过程，如原始数据的获取、清洗、降维等问题；第三部分的主要研究工作的内容是用户指标特征的设计，主要围绕用户画像设计开放的用户指标体系构建及优化方法；第四部分主要研究工作内容是数据约简问题，拟利用较为成熟的粗糙集等工具完成指标数据的约简，并对多源异构数据建模中的约简进行优化；第五部分的主要研究内容是针对个人用户建模的路径、方法研究；第六部分的主要内容是针对企业用户建模的路径、方法等内容的研究，本部分拟分别从多源异构大数据在企业用户和个人用户领域这两个角度探讨其应用和相关的技术。

第 2 章　网络用户特征分析的创新驱动力 ——互联网大数据

大数据时代是随着物联网、移动互联、社交媒体等技术的兴起和广泛应用而到来的，用户的使用方式和数据的产生方式以及数据的价值及其利用这三方面一直处于相互支撑、相互促进和相互影响的局面，或者可以说这三方面构成了数据资源成长的生态环境，即软件环境既会受到用户的影响也会影响和培养用户的习惯，这些因素会影响数据的产生，而数据又会对软件应用创新产生影响。相比于传统互联网诞生初期，用户产生数据的方式出现了非常大的变化。在传统互联网应用中，由于互联网的各项设计是基于特定的功能设计目标的，数据的功能、数据的相互关系、数据的格式和标准都是在需求分析和实施阶段就已经十分明确，数据的存储和各项主要操作主要依赖关系型数据库来实现。因此，在传统信息技术应用中，与用户相关的数据种类、数据形态具有确定性较强而开放性不足的典型特征。随着移动互联网技术的快速发展以及非关系型数据库的快速普及，加上云计算的成熟使其能够不断扩大应用范围，用户数据从产生到存储再到利用模式均较互联网上一发展阶段有了非常大的差异。由于用户的应用并不完全依赖关系型数据库，因此用户数据的种类、格式可以有较大的灵活变化空间。此外移动互联网条件下，大量应用被移植到智能手机端，智能手机愈发扩展的功能使用户能够产生更多种类的数据，网络中的主流数据形态已不再单调，而是涵盖了视频、音频、文字、图像等多种类型，且随着物联网技术的推进，智能终端设备如穿戴设备、智能家居设备，行业应用数据，以及工业 4.0 发展阶段下的各种智能工业设备及相关的传感设备等，均成为多源异构大数据的重要来源，使数据的多样化特征愈发明显。数据形态的变化，推动了数据开发、利用方式和技术的变革，利用好多源异构大数据，进而找到用户描述的新方法，构建更加完善的用户特征模型，就要首先从数据特征入手开展研究。

2.1 研究动机

数据的多样化使数据的研究方式和产生的价值较以往有了很大的不同，很多传统数据应用模式下的研究已经无法适应新的数据环境。在传统的应用模式下，数据往往经过了前期处理形成了格式规范的结构化数据，例如图书馆的借阅信息、人事管理信息、股票交易记录、信用卡消费及还款记录等，尽管随着相关业务系统运行时间的累积，从数据量的角度来说，这些业务支撑系统会累积数量较大的数据，但这些数据非真正意义的大数据，或者可以称这些数据为已经进入应用阶段的规模较大的数据，我们可称之为"后大数据"，而目前在互联网数据利用的研究中，需要面对的往往是需要大量前期处理的数据，这些数据往往需要经过识别、清洗、去伪、去重、规格化等一系列操作后才能够变成可以被应用的所谓"后大数据"。

目前，尽管关于何为大数据并无标准定义，但无论是学界还是行业界对大数据的理解也有较为一致的共识，即大数据应具有 4V+1O 的特征。其中 4V 的含义是指数据量特征（Volume）、类型多样性特征（Variety）、价值密度特征（Value）、时效性特征（Velocity）以及在线特征（Online）。首先，作为大数据来说，数据量非常大是其基本特征，例如 TB 级别或以亿计的数据条目，需要大规模的存储设备才能保存这些数据，移动互联、宽带技术、多媒体技术的快速进步，用户产生的多媒体数据则是导致数据量大增的直接原因之一，除此之外物联网设备、特定专业领域的智能设备的大量应用，也是近年来信息世界数据量激增的重要原因；大数据具有多样性强的特征，例如大数据的来源既包含传统应用所产生的结构化数据，也包括地理位置信息、文本信息、图像信息、视频信息、日志信息等半结构化或非结构化数据，大数据的这一特征与互联网用户产生数据方式的演变是分不开的；大数据相比于传统数据来说，价值密度明显较低，由于大数据来源多样化的特征显著，因此会存在大量的非结构化数据和半结构化数据，在利用这些数据时，需要利用分词、语义、模式识别等方法将其中有利用价值的数据提取出来才能够发挥大数据的价值，因此有价值的数据量在大数据中的比例较传统结构化数据来说存在着显著的差距，同时大数据还具有价值密度可变的特性，即随着人工智能、模式识别技术的提升，之前不可识别或不能发现的特征有可能随着技术的进步而被提取出来并加以利用，特别是在多媒体数据大行其道的移动互联网中，大数据在这方面具有很大的想象空间，而传统数据尽管价值密度高，但受限于所服务的业务系统，其价值提升空间并不大；大数据具有实时性的特征，特别是在电子商务、社交媒体等应用的驱动下，大数据的实时性特性或需求非常显著，因此大数据必须满足对应的应用场景的需求，提供相应的实时性保证。

通过上述简要分析可见，大数据和传统数据的差异已经非常明显，除了要运用到传统结构化数据所需要的数据管理和应用技术之外，为了充分挖掘大数据的价值，需要用到统计学、模式识别、人工智能、机器学习、最优化理论、信息论等多个学科的前沿理论和技术。大数据应用本身就带有典型的多源异构特征，异构数据源的有效整合，是提升大数据应用价值的重要保障；用户驱动的多源异构大数据在利用价值提升方面空间很大，这也是其与传统数据相比十分显著的不同之处。

2.2 大数据的来源与价值

大数据的特征表现在"大"，但数据的体量一定是大数据最重要的特征。根据 IDC 的测算，2010 年前后全球产生数据的速度正在快速增长。2011 年全球总共产生了 1800 EB 的数据量，预计 2020 年该数值将增长到 35 000 EB，到 2025 年前后预计全球的数据量更是将达到惊人的 160 ZB 左右。数据的迅猛增长，其速度已经远远高于计算机硬件发展的摩尔定律，其中结构化数据的年度增长率约为 20%，而非结构化数据的增长率将达到 60%或以上，可见在大数据的总量构成中，非结构化数据正在扮演着越来越重要的角色。在上述内容中我们简要分析了大数据的特征并与传统数据作了简单比对，但大数据和传统数据之间的差别根源到底在哪里，大数据的价值可以在哪里体现呢？我们认为可以从如下几个方面来理解。

1. 大数据和传统数据的关系和差异

从大数据定义所指的范畴来讲，传统数据应该是被涵盖在大数据中，是大数据的重要组成部分。以大数据互联网金融应用为例，当用户使用电子商务平台进行商品交易操作时，电子商务平台能够记录用户账号所进行的操作信息，如用户购买商品的类别、价格、用户主机 IP、支付方式等，这些数据均可采用传统的结构化数据技术予以处理，但与此同时电子商务平台配合其支付系统、售前售后平台乃至其外挂应用平台，能够产生大量的结构化和非结构化数据，如用户在售前售后系统中的留言记录、外挂应用平台（如网络游戏、自主学习平台）中的行为特征等，再配合电商平台内部的结构化数据，这些都将为刻画用户的特征提供依据，通过关联规则、决策树、神经网络等数据处理和挖掘方法，给用户打标签（即所谓用户画像操作），从而使挖掘用户的商业价值成为可能。再例如在校园应用中，学生的选课、成绩、图书借阅记录等信息均由传统的结构化数据来存储，而这些信息往往只能反映学生的初始状态和实时结果（如成绩），缺乏过程信息的支撑，这对于分析学生学情状态来说是远远不够的，随着在线学习资源的不断丰富以及移动互联网的覆盖，学生信息的获得渠道在不断丰富，其中包括学生线上学习行为、在线留言、位置及活动轨迹信息、一卡通消费等，使学生用户的画像操作更加客观和立体，进而为学生个体学习、生活状态进行科学推断，用以有针对性的改进教学和生活服务工作。

通过上述的应用分析可知，结构化数据尽管具有较高的可用信息密度，但就其对应用创新的支撑而言，是远远不能满足需要的。我们认为，其根本原因在于大数据和结构化数据产生的驱动力是不同的。传统结构化数据，其产生的驱动力来自于解决业务问题的需要，即采集或存储何种数据是以软件开发的需求分析为依据的，这就会导致与当前业务问题无关的数据将不被采集或存储，可见在业务问题这一驱动下产生的传统的结构化数据具有封闭的典型特征。反观大数据，尽管其中包含着传统业务系统所积累的大量结构化数据，但其非结构化数据的占比正在不断增大，非结构化数据主要包括视频、音频、图像、文本等信息，这些信息会以 Web 页面、流媒体等多种形式存在，这些数据的主要产生来源可能来自用户的 PC 浏览器端（例如登录社交网站），也有可能来自用户的手机App（例如朋友圈、微博），也有可能来自于用户的可穿戴设备（如智能眼镜、智能手环）。这些非结构化数据的产生和传统的结构化数据有着非常大的不同，其产生过程并非受到一些硬性的业务功能需求的限制，或者说这些数据很少或没有与具体的功能需求相关联，更多的是出于用户自身的主观意愿而产生的（例如通过朋友圈发照片，或者在社交网络中的留言或评论等），因此非结构化数据具有先天的开放性特征优势，这也使非结构化数据在未来进一步开展深度数据挖掘和机器学习研究中，能够对这些研究提供更多的支撑。

2. 大数据的价值

从价值的角度来看，大数据具有价值密度低的特征，但这一特征并非意味着大数据的整体价值低。恰恰相反，大数据蕴含着以往的结构化数据不具备的应用价值。还是以校园用户画像应用为例，现有的各种校园信息子系统所存放的全部是面向特定业务流程的支撑数据，例如教务系统中存放了学生的姓名、出生日期、性别、专业、年级、所选课程、课程成绩、第二课堂完成情况等，如果希望对学生的学习情况进行分析，并对学生进行画像的话，单纯依靠这些数据只能得出学生"整体成绩如何"这类比较粗糙的结论，而学生的思维特征、性格特征、未来的职业倾向、学习过程中是否展现创造性等与学生实际学习能力和应用能力相关信息标签，则无从得出结论。而这些更加全面的信息刻画则往往需要多源及非结构化数据的支持才能解决，例如通过线上教学系统中学生作业完成情况以及教师的评价和评语，能够对学生的思维乃至创造性特征推断起到支撑作用；而通过线上答疑、讨论组的表现，可以对学生的性格特征进行推断；通过LBS服务结合教务系统中的课程安排信息，则可以对学生的日常生活轨迹进行推断，判断学生是否具有良好的生活习惯，还可判断学生在课余时间是否有自习和去图书馆查阅资料的习惯等。当然，利用多源及非结构化数据需要付出比结构化数据更多的计算开销，且其数据利用也具有一定的不确定性。例如通过LBS数据进行学生轨迹推断时，会由于信号滞后或偏差影响结论的准确度，或者由于算法本身的问题导致出现错误结论；再例如通过线上答疑、讨论组评价学生表现时，不但需要获取学生的发言频率，还需要对学生的发言内容进行识别，该处理过程会涉及文本基本处理、统计、语义识别等技术或理论等，其识别准确度会对结论产生直接影响，且该识别过程也会产生显著的额外计算开销。

因此，我们认为大数据的价值主要体现在如下几个方面：

（1）以高实时性的数据促进专业、行业融合

进入移动互联时代后，信息传输的实时性和带宽性能均得到了显著提升，更加可靠和快速的网络给多源异构大数据的深入应用铺平了道路，用户能够更加实时地获得更加丰富的信息内容，对来源多样的数据进行融合，从而使数据的持有者能够站在更高的视角和更高的维度上把握全局和行业发展动向，促进行业融合和创新。例如，企业用户可以利用多源异构大数据，通过整合下游用户动态、消费能力、供应链、政策及规划、人力资源、资金流通等多方面的信息，能够更加清楚地洞察市场、产业链和用户的变化，从而优化企业的经营运行，及时根据市场动态调整生产或经营策略，或者及时发现并规避可能的风险等；高度实时性数据使企业能够具备更快的市场响应能力，进而推动企业及其合作伙伴对市场变化做出科学决策，这将在很大程度上促进专业和行业的融合。

（2）以高度客观的数据融合提升数据的价值

单一来源的数据其视角、应用场景往往存在很大的局限性，鉴于大数据先天具有价值密度相对较低的特性，因此若单纯依靠单一来源的数据，一方面无法形成能产生价值的大数据集合，这往往会导致无法有效地挖掘出这些数据中有价值的信息。若要充分挖掘大数据中的价值，必须依靠多数据源相互关联、相互补充，构建更加完整的样本集，或者实现全样本，有了这些手段的加持才能够有效提升大数据的应用价值，即大数据的应用本身就需要多源异构的融合作为保证。

例如，在传统的数据应用中，由于数据处理能力有限，往往需要采用样本抽样的方式研究数据，往往需要研究者进行模型假设，再通过数据对假设进行验证，这种预设的研究思路将使很多有价值的细节数据被主观地忽视掉，从而导致很多数据的价值无法被利用起来。而多源异构大数据由于具有数据融合的特性，以及其实现全样本的能力，将使数据的研究能够站在更高的层次和视角，以更加开放的方式处理数据，使发掘出数据中的隐匿价值具备了可行性，同时研究数据的过程不再拘泥于某些特定的假设，而是能够以更加开放的姿态，使

研究过程成为不断发现问题、回答问题的开放式研究过程。

（3）使个性化应用或服务成为可能

大数据可采用全样本方式的特点，使其能够充分支撑个性化服务的应用目标。在传统的样本抽样研究模式下，研究点更多地放在了数据代表对象的共性上，而对个性的关注度很低。随着社会的进步和资源优化的需要，我们发现越来越多的优化和创新是基于个性化思路才能实现的。在大数据采用全样本的方式下，每个用户将能够实现充分的标签化标注（即画像），同时大数据技术也能够为用户画像的应用创造必备条件。

还是以线上学习应用为例，传统的线上教学一般只关注学生是否按照进度计划观看了对应的学习资料，是否按时提交了作业，考试成绩如何等，每位学生打开在线学习系统后面对的是相同的界面、相同的资源，很难根据学生的个性有针对性地对其学习过程进行安排。在大数据的支持下，通过整合教务系统、线上教学平台、第三方学习平台、BBS、社交网络等相关内容，可以对学生的学习兴趣点、学习进度、知识点掌握情况、所遇难点、是否需要加强辅导等指标进行科学判断，在这些指标判别的基础上，反过来线上教学平台可以以此为决策依据，个性化定制每位学生的学习界面，有针对性地给学生推送知识点或参考资料，即在一定程度上实现了每位学生一个单独课堂的教学模式。

除了教学领域内的应用外，个性化服务在电子商务中更是得到了广泛的应用。国内外的几大电子商务平台，其在用户基础信息、交易支付信息、售前售后相关信息支撑的驱动下，较早地完成了大数据平台的建设，并充分挖掘了电商大数据的潜在价值。目前，各大电子商务平台已经能够实现较高精度的用户画像，感知用户的潜在兴趣商品，这些数据能够使电商平台在用户登录时可以为每一位用户提供一个独一无二的访问页面。亚马逊在谈及电子商务对传统商业的优势时曾说过，传统商业只能通过数量有限的店面给所有的用户服务，而我们可以为每一个用户单独开设店面。除了商品推荐应用外，很多电商推出了网络金融服务，而其网络金融服务的风险控制同样来自于用户画像，现已将坏账率控制在极低的水平。

（4）带来商业和产品模式创新

大数据首先在电子商务领域发挥了巨大的价值，而随着互联网应用的进一步深入，大数据已经在社会生产产业链的各个环节发挥作用。企业通过与电商平台合作利用其大数据资源，能够比传统模式下更加快速地发现用户的偏好变化，适时调整产品设计或经营策略，或者挖掘创新的商业模式，提高企业抓住商业机会的能力；此外，在大数据平台的支持下，有了充分的终端用户支持，能够促进商业和产品向个性化、人性化发展，在传统商业模式中，由于缺乏获取客户需求信息的有效渠道，同时这种渠道又能够扮演将产品推荐给用户的角色，因此传统商业模式中的小众用户已经不复存在，在大量用户基数的支撑下，即使是所谓小众用户也可以形成较大规模的用户群体从而产生可挖掘的商业价值，即传统商业模式下的隐性、不可挖掘的商业价值，在大数据和互联网的支持下，可以直接变为显性、可挖掘的商业价值。

（5）实现更加和谐、智慧的社会体系

大数据领域的先行者之一 IBM 在 2008 年就提出了智慧地球的概念，其核心特征是万物互联、人工智能。智慧化应用的发展表明，任何智慧化是需要以大数据为基础的。万物互联以物联网、移动互联技术为支撑，大量的传感器和移动互联网终端成为大数据的生成来源，这些数据源无时无刻都在产生着大量的数据，例如温度、湿度、风力等实时气象信息，移动手机用户通过微博或朋友圈发布的带有 LBS 标签和文本的图像信息、音频视频信息，电子商务交易信息，商品物流信息，交通路况信息、共享单车轨迹信息等。这些信息通过一定的技术手段整合（例如自然语言处理、多源异构数据建模、迁移学习等）。在物联网和移动互联网的支持下，被描述对象已经可以在多个角度以更高的维度进行数据描述，其数据映射形成的模型变得空前立体，被描述对象可以被更加精确的描述，以及对做出的行为或后果预测等。

在很多领域中，IBM 的智慧地球概念被更加细分和具体化，包括智慧城市、智慧农业、智慧教育、智慧金融等。

智慧城市是 IBM 提出智慧地球概念后最早被具体描述和设计的智慧案例之一。相比于智慧地球这一宏观概念，智慧城市所涵盖的范围更加具体和清晰，我国有多个城市在城市智慧化方面做了探索和尝试，其中无锡市是其中的典型代表之一。为了打造智慧城市，无锡在基础设施方面进行了大规模投入，通过与运营商合作构建了全市覆盖的光纤网络，并花大力气推进 4G 网络，为大范围网络和物联接入提供了基础保证。在网络的广泛覆盖下，大量行业能够利用物联网技术完成数据采集，通过云计算平台处理数据以实现智慧化运行，例如基于 RFID 的农业产品追溯、基于穿戴设备的居民实时健康数据采集、基于广泛物联数据采集的智能交通、智能社区服务等。实现城市智慧化，需要大数据所带来的不仅仅是数据的采集和分析，更重要的是多种数据源的有机融合和统一表达，实现多维度、多角度的信息或模型描述，进而提高数据描述的客观性，同时即时互通的多数据源通信，能够满足数据传递的实时性要求，能够使管理者及时有效地应对城市中的突发情况。

我国作为世界上最大的发展中国家，农业经济一直受到全国上下的一致重视。随着社会智慧化大潮的到来，智慧农业自然而然成为智慧经济的重要构成。在现代农业生产中，采用机械器具特别是机电一体化器具成为提高农业生产质量和降低劳动难度和强度的主要手段，而机电设备本身由于其普遍具有可控制的特点，随着物联网、网络控制技术的快速进步，农业生产的联网、智能化已经成为发展趋势；无线传感网络的快速进步，可以使农业以较低的成本实现数据采集，从而形成基础性农业大数据，进而在农业专家系统的支持下，指导生产者进行科学的农业生产；农业产业联网的普及，使农业产业区域协同与协调发展成为可能，科技、区域经济发展、气象等信息经过处理后，形成多源异构决策支持大数据，提高农业生产经营的宏观决策水平，更可以在物联网技术的支持下实现农业产品的标准化管理和质量认定，实现农业生产经营与电子商务的对接。

工业在人类发展变革中起到了决定性的推动作用，特别是进入 20 世纪后，随着电气化、微电子等技术革新先后出现，推动工业向更高的形态发展。网络在工业智慧化中扮演着举足轻重的角色，但工业网络并不是最近刚刚出现的，而是已经有了相当长的发展历史。在计算机技术出现的早期，就有学界和业界做出了将计算机用于工业生产控制的尝试，出现了最早的计算机控制系统，但由于当时的计算机技术并不成熟，存在响应不及时和可靠性低的问题，导致其在工业生产仅仅停留在试验的程度；之后，有学者尝试将控制功能分散，利用网络（模拟信号网络）将分散的功能协调起来，就成为之后工业网络广泛应用的形态，并出现了大量的成功应用案例。进入 21 世纪，随着电子商务应用的逐步深入，管控一体化逐步被工业控制研究界认可，互联网技术也逐步实现了与工业控制网络的融合，很多传统的业务例如 ERP 系统、营销和支付系统逐步做到了与生产网络的对接，加上工业控制网络和工业数字化生产设备的不断完善，柔性生产技术大范围普及，加上在传统的工业自动化领域，传感技术、控制技术中数字化应用已十分普及，因此工业与互联网的互联互动已经没有实质性的技术障碍。近几年大数据技术的快速发展，配合不断进步的人机交互技术、虚拟现实和增强现实技术等，使工业设备在网络的支持下，更好的实现了与人的交互融合；同时，通过多源异构大数据，企业能够科学设计生产经营策略，并能够将策略及时有效地转变为生产线上的工作行为，提高了企业的竞争力。

教育一直伴随着人类的发展和进步，但在过去的几百乃至上千年中，教育模式一直未出现大的变革。随着 20 世纪末计算机多媒体技术的出现，文本、音频、视频这种主要教育信息的集中主要载体第一次可以通过移动媒介进行传播，尽管由于技术条件限制，早期的传播方式主要是依靠软磁盘、CD 光盘等方式，但该方式实现了知识传播从只能通过书本和课堂向数字化传播的跨越。之后出现的 DVD 光盘、USB-DISK 更使移动存储媒介的传播能力得到了快速提升。进入 21 世纪后，我国对宽带网络和园区网络进行了大规模投入，网络接入性能得到了持续改进，接入速率从早期的 56 Kbps 快速提升为 128 Kbps、2 Mbps，目前光纤宽带接入已经普及，而园区网的核心设备早已普及万兆交换技术。性能的改善使教育信息传播中网络很快取代了移动媒体的地位和作用，在这一阶段出现了大量的在线形式的教育资源，线上教学成为教育改革和模式创新的重要形式。早期由于网络带宽相对较小，同时服务器性能和相应的软件平台技术条件限制，大多数线上平台的功能仅限于资源发布，交互功能非常少，即使有也大多仅限于作业上传、讨论组等简单形式，而随着网络带宽的快速提升和服务器性能的不断改进，特别是近几年云计算技术的快速普及和实用化，使资源发布者可以以较低的投入实现较高的数据性能，从而使线上教学系统具备更加复杂的功能成为可能。目前，可用的线上教学形式除了视频资源外，还包括实时视频和音频互动、学习行为记录等功能均可在在线教育平台中实现，线上教学资源除了可用作信息发布外，还具备了课堂教学质量反馈、学习过程状态监控等更加复杂的功能，这些功能也均是以云计算和大数据技术为基础的。随着校园信息一体化建设步骤的进一步推进，大量的传统业务系统之间由于功能独立造成的信息孤岛将被打破，线上教育系统可利用的多源数据进一步增多，例如学生的一卡通消费信息、图书馆借阅信息、电子期刊阅览信息、LBS位置信息等，这些信息能够更加全面地反映学生的在校学习生活客观情况，从而为课堂教学决策和改进提供更加全面、客观的依据。

智慧金融是依托于互联网技术，运用大数据、人工智能、云计算等金融科技手段，使金融行业在业务流程、业务开拓和客户服务等方面得到全面的智慧提升，实现金融产品、风控、获客、服务的智慧化。金融行业涵盖了银行、保险、证券、基金以及近期随着互联网发展而快速发展的众筹、第三方支付等形式。相比于其他行业来说，金融业由于其业务特征，导致很早就在信息化建设方面开展了工作，并一直走在信息技术应用的前沿领域。特别是 2014 年前后，互联网金融和金融互联网出现了爆发式增长，以阿里的余额宝为代表的网络理财产品，以支付宝、微信支付等为代表的第三方支付的兴起，推动了互联网金融和金融互联网快速成为金融行业中举足轻重的业态形式，众筹等其他的新金融业态在这些年也得到了快速发展，移动终端丰富的可扩展功能更是为互联网金融和金融互联网的快速发展提供了可靠、便利、广泛覆盖的支撑平台，同时其在业务运行过程中生成的大量数据也为金融实现智慧化创造了必要的数据支撑。

智慧金融具有透明性、便捷性、灵活性、即时性、高效性和安全性这几个主要特征。透明性：智慧金融解决了传统金融的信息不对称。基于互联网的智慧金融体系，围绕公开透明的网络平台，共享信息流，许多以前封闭的信息，通过网络变得越来越透明化。即时性：智慧金融是在互联网时代，传统金融服务演化的更高级阶段，在智慧金融体系下，用户应用金融服务更加便捷，例如基于移动端的用户 App 可以使用户随时随地办理各项金融业务，智慧化网点也可以通过大量装备的智能终端设备降低网点对人工的依赖，从而实现 24×7 的高质量金融服务，因此即时性将成为未来衡量金融企业核心竞争力的重要指标，即时金融服务肯定会成为未来的发展趋势；便捷性、灵活性、高效性：在智慧金融体系下，用户应用金融服务更加便捷，金融机构获得充足的信息后，经过大数据引擎统计分析和决策就能够即时做出反应，为用户提供有针对性的服务，满足用户的需求，开放平台还能够融合各种金融机构和中介机构，能够为用户提供丰富多彩的金融服务，这些金融服务既是多样化的，又是个性化的；安全性：一方面金融机构在为用户提供服务时，依托大数据征信弥补我国征信体系不完善的缺陷，在进行风控时数据维度更多，决策引擎判断更精准，反欺诈成效更好，另一方面，互联网技术对用户信息、资金安全保护更加完善。

2.3 大数据带来的挑战和机遇

大数据由于存在大量的非结构化的开放性特征显著的数据，其在数据挖掘、人工智能的研究方面将具有非常大的价值，但同时也应看到，非结构化数据有来源不同、形态不同、标准不一、归属不清等诸多问题，这为如何有效利用这些数据提出了挑战。以个人征信为例，在大数据条件下进行个人征信往往需要电信运营商、第三方支付平台、银联支付、社交网络、电子商务平台乃至常用联系人信息等，其中社交网络数据、电子商务平台等往往会涉及多种媒体和格式的信息，数据的识别、规格化、统一表达、高维度数据等问题的有效解决是有效利用这些数据的前提；而联系人信息、社交网络信息、电信运营商信息等均为个人敏感信息，目前此类数据面临着"产生者无管理权，管理权无监督"的问题，即用户作为信息的产生者，并无对这些信息管理的绝对权力，用户在使用互联网的特定服务或 App 时，往往需要同意在很大程度上带有强制性的隐私信息向服务提供者公开的服务条款，且用户数据的存储、备份、使用等环节均无法被用户有效监督，导致此类数据的利用存在着许多风险。以下为我汇总的多源异构大数据利用时所面临的挑战：

1. 多数据源访问及权限问题

如前所述，多源异构大数据在利用过程中，不能仅仅依赖某个特定的数据源，而是需要依靠多个数据源的数据，在数据冗余、容错和模型推导中让多种数据有效发挥作用，才能够真正实现大数据的价值。

在实际应用过程中，多数据源往往意味着需要连接多个传统信息系统建设模型下所产生的信息孤岛。若这些信息孤岛的后台系统的管理或所有权来自同一机构，则这些数据的开发利用将会比较顺利，但在实际应用过程中，在大多数情况下多源异构数据的应用往往需要整合多个第三方乃至全球的信息服务供应商的数据才能达到较好的应用效果。而这些第三方数据的所有者五花八门，很难实现"一条通道访问所有"的理想状态，更多的还是需要数据的使用者分别与不同的第三方数据提供者协商，以获得数据访问授权。还是以征信应用为例，当征信公司拟对某企业的信用状况进行评估时，征信公司可以从银联获得被评估对象在银联的所有交易记录；若该企业在第三方电子商务平台开展了业务，则该电子商务平台的数据也将成为评价该企业信用的有效信息；企业财务信息也是征信评价的重要依据，特别是来自第三方审计后的财务信息更是如此；此外，如果被评估企业为创新性互联网企业，那么其数据流状况也将成为评价该企业的重要依据。上述与企业信用评价相关的数据就已经涉及多个数据源，特别是在互联网服务平台日益丰富的情况下，很有可能一个企业会利用多个平台开展相近或相同的业务，这会使企业评价时需要汇集的数据源构成更加复杂，相应的数据获取均需要对应平台的授权。

2. 数据的统一表达问题

多源异构大数据实现授权访问后，首先要汇总集中，以准备下一步处理。一般情况下，先要借助云计算平台如 Hadoop 来存储数据，之后再利用大数据分析技术对数据进行预处理，最后是借助数据挖掘、人工智能等工具发掘数据的价值并用于营销、风控、决策支持等领域。由于多源异构数据源各有不同，导致其汇总的原始数据复杂度非常高。首先其数据格式多样化特征十分显著，目前的数据格式除传统数据库中的结构化数据外，还有各种复杂文本数据，还包括各种音视频文件或流媒体文件，以及图形图像数据等。这几大类数据又分别包含很多种数据格式，例如文本数据可能包含 HTML 网页信息，也有 Word、PDF 等公文应用中的常用格式，还可能包含一些自定义格式的文本数据；音视频数据则包含 MPEG 格式压缩数据、WAV 格式音频数据，以及用于网络传输的流媒体格式数据等；图形图像更是包括 JPG、BMP、PNG 以及其他格式的矢量图等。除了数据格式不同外，由于多源异构数据来自多个数据源，而这些数据源大多是基于特定的业务系统运行而构建的，因此不同的数据源在数据结构、格式、标准存在较大差异也是十分普遍的现象。因此，汇总数据后，多源异构数据处理面临的首要问题就是如何实现不同类型数据的统一表示，以及不同来源数据的统一表达问题。

3.高维数据复杂性分析

在多源异构数据处理中，由于多数据源的数据汇总机制，会导致多源异构数据的维度非常高，高维度数据若不经过处理直接用于建模或其他计算，会出现由于维度过高导致计算复杂度极大增加，严重影响计算结果输出的实时性，而这一点是与大数据应用的目标相悖的；此外，过高的维度必然导致数据集中存在大量冗余的信息，在模型训练过程中，若对这些冗余数据不加处理，很容易导致模型训练中出现过拟合的问题，从而降低模型训练质量。

因此，在解决了多源异构数据的统一表达问题后，需要对数据做清洗和降维处理，去除其中的垃圾数据、扰动数据和冗余数据，方可将数据用于模型训练或场景计算。

4.知识发现和证实需要群体智慧

在模型训练过程中，由于应用目标导向，很多模型需要采用监督学习的方式来完成训练，这意味着在模型构建设计中不仅仅需要算法具有知识发现能力，更重要的是还需要有能够被普遍认可的训练数据集来支撑模型的训练和优化。在多源异构数据应用中，多数据的需求在很大程度上是基于多应用目标问题产生的，而多目标问题本身就是一个复杂的局部优化求解问题，很多所谓优化目标又与互联网用户的诉求相关，因此在这一需求环境下，会导致问题的求解和建模的复杂度非常高，甚至仅用户诉求分析这一项就需要花费大量的研究力量才能得出结论。

5.信息安全及法律风险问题

隐私泄露和信息安全风险一直伴随着信息技术的发展全过程，自从计算机诞生以来，移动存储、网络的发展，加快了计算机系统之间的信息交互效率，随之而来的就是信息安全和隐私泄露风险的加大。例如，某手机品牌由于安全漏洞，导致用户资料大量泄漏；棱镜门暴露后，经由国内的网络安全权威部门检测发现，某国外品牌路由器存在后门，可以监听用户的邮件、即时通信、语音等多种信息，甚至可以对特定的用户实施实时监控。在国外，信息安全风险事件也是层出不穷，如韩国信用卡信息泄露事件，以及近期脸书用户信息泄露事件等。进入到大数据时代，云计算的快速普及，特别是云存储实现了用户数据与网络系统更加紧密的捆绑后，信息安全风险、隐私风险挑战更加突出，信息安全风险变得比以往更加严峻，此外用户每天会产生大量数据，如何有效地利用数据的同时不侵犯用户隐私权益也是目前亟待解决的问题，总结下来，在当前的大环境下，多源异构数据的有效利用主要面临如下几个挑战：

首先，是基本的信息安全问题。在网络和数据大范围互通的情况下，信息安全已经面临着比以往信息孤岛条件下更大的威胁，很多传统的攻击例如拒绝服务、注入攻击等大多数能针对特定的主机或信息系统展开，而在多源异构大数据应用中由于需要构建多信息系统的对接机制，因此会带来一点攻破全面攻破的安全风险，因此有效的多系统、多数据源的访问授权、验证和访问控制机制是预防多源异构数据应用安全风险的首要解决问题。此外，云计算的大量应用，很多数据被存放到云端，信息在逻辑上实现了大集中，特别是近几年以国内外几大互联网公司为代表的企业着力发展公有云服务，并力推云服务和移动互联终端的协作应用，更是使大量用户的数据被集中到少数几个公有云平台中，而企业级私有云服务也在很大程度上实现了企业数据资源的集中管理，这一现象为多源异构大数据的应用创造了便利条件，但另一方面云端的安全性将对用户和企业的信息安全起到决定性作用，因此云平台的安全和访问授权是多源异构大数据应用需要解决的另一主要问题。

其次，是隐私保护问题。多源异构数据的一大优势是利用更高的描述维度实现更加全面的对象描述，从而为数据挖掘或模式识别提供更好的数据支持，其相近研究工作在人工智能领域产生了较多的成果，例如迁移学习可通过识别图像和图像相关的文本语义来提高识别质量。但更加丰富和高维的信息必然带来更大的计算开销，而云计算由于其特有的任务处理机制，可以使现有的计算系统能够以较低的成本实现较高的计算能力，例如高维数据处理、深度学习等，在多源异构大数据的支持下，这些处理能力可以切切实实地转化为应用效果的提升，并且这些研究成果已经或正在产生实际的应用价值。例如，通过整合移动运营商、社保、社交网络、银联、第三方支付、电商平台等多个渠道的数据，可以实现内容更加丰富的用户画像，从而可针对特定的用户进行精准营销、服务或者征信等；目前公有云服务集中在少数几个互联网企业手中，这些互联网企业甚至不需或只需购买少量的第三方数据就可以利用自身积累的数据，配合利用互联网公开数据，再利用统计、人工智能、知识发现等手段，以很高的准确度推断出用户的多种属性；人工智能的快速发展，使计算机的推理能力得到了空前提高，即使没有掌握大量用户的结构化数据，通过网络爬虫等方式也可以在获得大量的用户公开数据的基础上对用户的特性进行推理分析，从而实现对用户的打标签操作。此外，在目前国内移动互联网爆炸式发展的条件下，由于国内行业监管相对宽松以及用户自身缺乏安全意识，以智能手机 App 为代表的各类软件普遍会或多或少地获取其 App 运行需求之外的用户信息，例如用户的短信、通话记录、App 列表甚至联系人信息等，而这些信息成为了 App 提供者的重要数据来源，App 提供者在获取用户信息之后，如缺乏必要的监管，很有可能对用户的隐私构成侵犯，用户的社交圈、家庭信息、工作单位信息等均有可能暴露到互联网上。

最后，是信息利用的法律风险。随着互联网应用开发的逐渐深入，数据和信息权益问题日益受到各方的重视，尽管针对诸如网络信息隐私权方面的专门法律制定方面我国略落后于欧美发达国家，但我国在宪法、侵权责任法、消费者权益保护法中均有针对个人隐私权益方面的条款，并且也有一些地方尝试着手制定专门针对个人信息隐私保护的专门法律条款。大数据技术的广泛应用，已经逐步体现到用户端，例如精准广告投放等，这些变化也在很大程度上提高了用户对隐私权益的重视程度，如何在发挥多源异构大数据优势的同时尽量避免对用户构成侵权的风险是大数据开发利用所面临的现实问题。目前，关于多源异构数据的应用在法律风险方面主要面临如下几个挑战：首先，是数据的所有权问题，用户是数据的产生者或者是数据产生的发起者，例如用户自己维护的通讯簿、接打电话产生的通话记录、网上交易支付记录、用户的业务短信等均是由用户主动产生或发起服务请求产生的，但对于用户来说用户尽管可以通过账号、密码、授权等形式访问或管理这些数据，但这些数据在运营商均有相应的备份，这些备份的管理、开发等操作用户很难过问；其次，是数据的访问授权问题，当有访问某些特定用户的需求时，多数情况下数据的访问是在运营商端授权，很多用户甚至对有人访问自己的数据根本不知情，很显然作为数据的产生者或发起者，用户在其自身数据的开发利用授权方面是处于劣势的，而这些数据的所有权和访问授权方面目前仍存在一些争议；此外，用户信息采集方面仍存在诸多问题，以移动用户信息采集为例，目前大数据分析者的重要数据来源就是移动端 App，而目前国内在移动 App 管理方面存在诸多问题，很多 App 往往会访问 App 自身功能实现所需以外的数据，例如绝大多数 App 会要求使用者授权访问用户的 App 列表、通话记录、短信、位置等信息，否则 App 会无法运行，而这种情况目前非常普遍，这些数据已经成为很多大数据分析者的重要数据来源，这些信息是否符合用户权益保护法的规定值得商榷。

2.4 多源异构大数据用户建模特点及优势

在大数据应用中，多源异构大数据由于能够整合多种数据资源，除了在数据处理方面带来的挑战外，更多的是给数据应用带来了巨大的发展空间。大数据本身由于其产生机制等先天原因，造成其数据质量、价值密度无法与传统的结构化数据源相比，在数据中会存在大量的冗余数据、缺失信息、错误信息、噪声扰动信息等，即大数据中多数原始数据属于"脏"数据，无法直接使用，在真正利用这些数据之前一般要先通过数据清洗、整合、归一等操作，而采用多源异构数据后，这一问题将能够在很大程度上有所改善。此外，多源异构数据还能够在用户建模过程中通过更加完备的数据描述提升模型的质量，并在模型训练的过程中提供直接训练依据等。可见，多源异构大数据由于能够整合多种数据源的信息，能够实现比一般大数据应用更加高质量的决策支持和建模，总结其优势如下：由于数据来源和质量等级的多样化，很多高质量数据能够在大数据预处理环节中发挥作用，从而实现大数据源数据的清洗、去噪和查错，提高数据的整体质量，而不仅仅依靠传统的数据预处理方式。例如，针对不一致数据和错误数据，在处理此类数据时，往往需要采用统计分析方法、聚类方法、关联规则方法等多种手段。而当采用多源异构数据时，由于有结构化数据的存在，特别是高可信度数据源的存在，能够使数据的预处理质量和效能能够快速有效的提升。例如，通过网络爬虫爬取的诸如用户出生年月、购物喜好等数据并非完全准确，很可能存在数据不一致或某些指标缺失的情况，而若能够获取用户的某些结构化数据如银行开户、社保等信息，则可以极大地缩减数据预处理的复杂度，并能够有效提升大数据的完整度。

第 3 章 数据预处理

随着人类社会和科学技术不断发展,人们在生产和生活中产生着越来越多的数据,数据种类也是越来越多样化。能够在数据与日俱增、信息瞬息万变的现实数据中挖掘出有用的信息,帮助我们及时做出正确有效的决策来指导生产生活,就显得日益重要。数据挖掘一般分为几个阶段:首先是问题定义,然后根据经验进行数据预处理,其次是数据挖掘,根据挖掘出的信息和结果进行解释和评估。在日常数据挖掘过程中,为了使得所用数据进行数据挖掘时的有效性和正确性,首先做的工作就是数据预处理,即修改数据格式和内容表达,使其更符合数据挖掘的需要,为数据挖掘提供高质量的数据,使得数据挖掘算法能够达到最有效和最佳效果。因此,数据预处理是数据挖掘过程中十分重要的一个环节,它可以为数据挖掘算法提供干净准确的数据,帮助数据挖掘达到更佳效果,通过减少冗余数据的数量,提高数据挖掘的效率,提高数据挖掘过程中知识发现的准确度和丰富度。但是,显示中的数据往往不尽如人意,往往会存在或多或少的数据冗余、缺失、不确定和不一致等情况,这直接导致了数据质量的降低,成为发现知识的一大障碍。因此,在从大量的多源异构数据中进行数据挖掘之前必须对其进行全面的数据预处理工作,并且数据都是多源异构数据,于是出现了多源异构数据融合技术,要求我们通过完整的数据融合技术和数据预处理技术,提高数据质量,进而提高数据挖掘信息的准确性和完整性。

3.1 数据预处理的目的和意义

一般情况下,现实中的数据不可避免的会存在数据冗余、数据噪声、数据缺失以及数据的不确定和不一致性等问题,现实取得的数据的错综复杂,使得后期数据挖掘过程会非常困难,甚至达不到预期的效果。同时,这些问题数据也成为数据挖掘的障碍,造成了数据库中数据的不精确及不完整等问题。因此,我们如果想从大量数据信息中获取精准的完整的数据信息,就必须要进行完整的数据预处理工作。如果数据预处理工作做得不完整或不精准,就会在数据挖掘阶段花费大量的人力物力去寻找想要得到的知识,即使这样,也有可能得到的知识不是有效的或者直接就能理解接受的信息,甚至有可能会直接导致数据挖掘出来的信息不准确。因此,我们说数据挖掘前的数据预处理工作是必不可少的,大量的研究事实表明,数据挖掘整个过程中数据与处理工作占到整个数据挖掘工作的60%~80%,可见数据挖掘过程中数据预处理的重要性。

数据预处理主要是指在对原始的直接获取的数据进行数据挖掘之前,需要对原始数据进行一系列的数据处理,包括:对原始数据的清洗、对原始数据的集成、数据转换、数据离散和数据归约等操作。通过这一系列的操作,满足数据挖掘过程中不同数据挖掘算法对数据所要求的基本规范或基本标准。例如,现实中的数据容易受到噪声干扰,数据也容易丢失以及数据不一致等问题,并且数据量也非常大,质量还比较低,还会存在多个来源的数据,甚至多个来源的数据结构都不相同,因此,这样的数据直接会导致数据挖掘结果的不理想。另外,不同的数据挖掘算法对数据预处理也有不同的要求,比如,有的算法只能处理离散型数据,因此就需要把现实中的连续数据进行离散化;有的数据挖掘算法需要对属性进行约简等。

目前,已经有很多人着手研究数据挖掘的相关技术及应用,尤其是在数据挖掘技术、挖掘算法研究、挖掘语言的应用等方面,但是专门综合性的探讨数据预处理的书籍还相对比较少。我们一般从现实中直接取得大量各种各样的数据,并且由于现实中数据的多样性、复杂性和不确定性等问题直接导致原始数据都比较乱,而数据挖掘算法对要处理的数据是有严格的质量要求的,因此,初期得到的原始数据基本不符合数据挖掘算法进行信息挖掘的规范和标准。同时,不同的数据挖掘算法对数据集合的要求也不尽相同,比如,有的数据挖掘算法要求数据尽量不要出现太多冗余,而海量数据中经常会存在很多没有现实意义的数据,也有很多无效的数据;有的算法对数据的完整性和一致性要求很高,有的算法要求属性之间的相关度要小等,这就需要对初期获取的多种多样的数据,即多源异构数据进行对应的数据预处理,从而保证数据挖掘过程的顺利进行，保证数据挖掘结果的准确性和有效性。

因此，对于原始对象数据，尤其是不太成熟的原始数据进行有效预处理是数据挖掘的重要部分，是数据挖掘过程中的一个重要环节。同时，我们也可以从流程和数据挖掘的步骤中看到：数据预处理是重要且必要的流程之一。简而言之，实际收集的原始数据通常是嘈杂的、不完整的和不一致的，我们需要在数据挖掘之前预处理数据，以提高数据质量并使其符合挖掘算法的规范和要求。数据预处理后，不仅可以节省大量的时间和空间，而且获得的挖掘结果可以更好地发挥决策和预测作用。

3.2 原始数据的基本特征

原始数据一般都是混合型数据，包括结构化和非结构化的数据；离散型数据，他们一般都是数据量巨大的数据，并且数据质量参差不齐，存在大量的冗余数据和错误数据，其中绝大多数信息有可能不是我们所想要的，因此根据原始数据的特点和数据挖掘目的的需要，我们要对数据进行预处理，处理成干净的，我们想要的数据才可以拿来使用。

一般来说，原始数据的特点有：

1. 不完整。是指数据记录中某些数据属性可能会有丢失或未定义的情况，并且可能缺少必要的数据。这是由于系统设计过程中的缺陷或使用过程中的一些人为因素造成的。例如，可能是由于误解，在输入时被认为不重要的相关数据从而未记录，从而导致一些数据丢失；或者是由于设备故障原因，导致和其他记录不一致的数据可能已删除历史记录或已修改的数据可能会被忽略等。

2. 数据噪声。指具有不正确的属性值，包含错误或具有偏离预期的异常值的数据。这件事情是由很多原因导致的。例如，收集数据的设备可能有故障，或者在数据输入期间可能在数据传输中发生计算机错误。使用的命名约定或数据代码不一致或者输入字段不一致（如时间）也可能导致数据不正确。在使用的实际系统中，可能存在大量模糊信息，并且一些数据甚至具有一些随机性。

3. 数据混乱，不一致。原始数据来自各种实际应用系统。由于每个应用系统的数据的定义缺乏统一标准，数据结构也存在较大差异，因此每个系统的数据之间存在很大的不一致，不能直接使用。同时，来自不同应用系统的数据由于合并过程中也会产生数据复制和信息冗余，这涉及多源异构数据融合的问题，需要利用多源异构数据融合技术将数据进行处理。

3.3 数据预处理方法及分类

3.3.1 数据预处理的分类

如果想从一些原始数据中得到有用的信息，需要做很多工作才可以实现，一般包括数据采集、数据清洗、数据加工、数据存储、数据分析、数据可视化，到最后一步数据可视化，呈现在我们面前的才是我们需要的信息，具体流程见图3-1。而数据清洗、数据加工和数据存储都会涉及数据预处理技术，也是数据挖掘过程中最重要的一步。为了保证达到数据挖掘的要求，拿到想要的干净的数据，我们要对数据进行预处理，一般情况下，数据预处理的任务有：

清洗数据：数据清洗的操作一般包括缺失值的填充，噪声数据的平滑处理，离群值的识别，并删除离群值，解决矛盾。

数据集成：数据来自多个数据库、数据立方体或文件，将多个数据库进行集成处理。

数据转换：将原始数据按照数据转换原则和公式进行标准化处理，也可以进行聚合处理。

简化数据：对有可能产生相同或相似分析结果的数据进行简化。

离散化数据：离散化数据属于数据简化，它可以将数值属性进行替换。

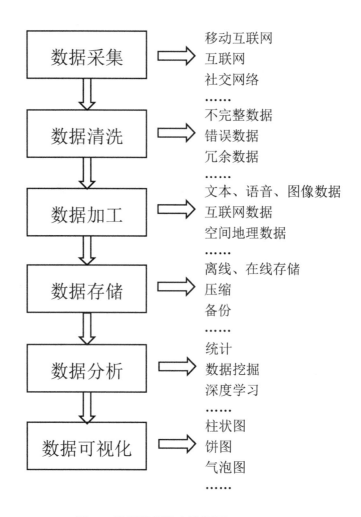

图 3-1 数据挖掘基本流程图

实际获得的原始数据通常是不完整的,缺少属性值,缺少某些感兴趣的属性或者仅包含聚合数据,包括错误代码或异常值或不一致的名称、差异等。根据原始数据的特点,将数据预处理的主要方法分为以下五类:(1)基于粗糙集理论的约简方法;(2)基于概念树的数据压缩方法;(3)信息论与知识发现;(4)基于统计分析的属性选择方法;(5)遗传算法。

一般情况下,数据预处理方法最常见的有数据清洗、数据集成、数据变换和数据归约,本书将对这四种常见方法进行详细的介绍。

3.3.2 数据预处理方法简介

1. 数据清洗。数据清洗包括缺失的数据值填写，噪声数据平滑处理，异常值的识别或删除以及数据不一致问题的解决。数据清理可以把原始数据集中噪声数据和无关数据删除，对脏数据进行清除，并处理丢失的数据、空缺值以及识别已删除的孤立点等。

（1）噪声：噪声是指某个变量在测量过程中产生的随机错误和偏差，包括错误的值或偏离期望值的孤立点，对于噪声数据一般采用分箱法、聚类法、回归法和识别孤立点等多种方法。

（2）处理空缺值：处理空缺值的最常用方法是使用该变量全局类型的一些数值填充空缺值，例如：用全局常量或者该变量的平均值填充空缺值，或者根据某些属性对所有原始属性进行分类，然后空缺值使用同类别中属性的平均值进行填充。

例：某公司员工平均基本工资水平为 2900 元，则可以使用该平均值替换工资中"基本工资"属性中的空缺值，如表 3-1 为原始缺失数据，表 3-2 是利用平均值对缺失值进行填充之后的数据。

表 3-1 原始数据

员工编号	基本工资	绩效工资	奖励津贴
1	2500	1500	1100
2	3000	2000	1200
3	空缺值	1800	1200
4	3200	2300	1100

表 3-2 处理后的数据

员工编号	基本工资	绩效工资	奖励津贴
1	2500	1500	1100
2	3000	2000	1200
3	2900	1800	1200
4	3200	2300	1100

处理缺失值的具体方法主要有：

对缺失数据进行删除。如果海量数据中某小数量的数据存在缺失值，则可以采取直接删除该条记录的方法，这样数据挖掘过程中将不包含其记录；

利用属性缺省值填补该属性缺失值。在一些情况下，可以利用一个事先定好的缺省值去填补该属性所有的缺失值；

缺失值填补为之前出现过的所有可能的值。分别用该属性出现过所有的值来分别进行填补缺失值；

相同类别属性所有可能的值填补空缺值。利用相同类别属性的记录中所出现过的所有值依次对空缺值进行填补；

利用该属性的平均值填补。计算该属性所有已知值的平均值，用平均值来填补该属性的空缺值；

相同类别属性的平均值填补该属性空缺值。用数据集中与缺失属性所在的对象（或记录）具有相同类别属性（class label）的记录的该属性值的平均值来填补；

该属性中出现频率最高的值填补空缺值。将该属性值已知数据中出现次数最多的那个值来填补；

利用相同类别并且出现频率最高的值填补。找到与存在缺失值的属性属于相同类别的属性，并选取相同类别属性中出现频率最高的值来填充缺失值；

利用可能性最大的值填补。通过一定的算法（如回归分析、贝叶斯或决策树等方法）来推断出某一条记录中某个属性可能性最大的值，用它来填补空缺值；

利用插值法进行数据填补。插值法最简单的可以利用线性插值，是利用已知前后点的数据通过各种方法，比如 Lagrange 插值法、牛顿插值法等方法建立插值多项式，然后代入多项式求得未知点数据进行填充。

例：利用 Lagrange 插值法对缺失数据进行填充。

表 3-3 处理前的数据

x	100	121	115
y	10	11	缺失数据

表 3-4 插值法填充之后的数据

x	100	121	115
y	10	11	10.29

具体填充过程如下：

已知 $\sqrt{100}=10$，$\sqrt{121}=11$，利用 Lagrange 线性插值法填补 $\sqrt{115}=?$

首先，建立线性插值多项式：$y=l_0 y_0+l_1 y_1$，其中

$$l_0 = \frac{x-x_0}{x_1-x_0}, l_1 = \frac{x-x_1}{x_0-x_1}$$

得出插值多项式为：$y\frac{x-100}{21} \times 10 \times \frac{x-121}{-21} \times 11$，将 115 代入到插值多项式中，得出 $\sqrt{115}=10.29$。

（3）清洗脏数据：多源异构数据库中经常会有不正确的数据，比如存在数据的不完整、重复、不一致或不精确的情况，这些数据就叫"脏数据"。这会使得数据挖掘过程出现混乱的情况，从而导致输出的不可靠性。一般情况下，常用的脏数据的清洗方法有：1）手工操作方法，主要靠经验；2）利用计算机软件，依靠特定算法实现；3）利用概率统计学方法对数值异常的记录进行处理；4）检测重复记录并删除。

以处理噪声数据的方法为例，方法主要有：

Bin 方法：利用需要平滑数据点的邻近点对数据进行平滑处理，需要这组数据进行排序，之后再做平滑处理；

聚类方法：使用 K-means 等聚类分析来对离群数据进行分析，并处理；

聚类方法是属于无监督学习算法，是对未分类客体依据客体某些属性进行类别的识别，把相似客体按照某些属性聚为若干类。聚类在很多方面都有使用，比如聚类方法可以帮助市场分析人员区分出不同类别的消费群体，并且通过经验分析，分析出每一类消费群体的消费习惯，可以为不同群体进行产品的定制。聚类可以作为数据挖掘的一个单独的模块或工具来挖掘一些深层次信息，从而为后续对某一特定类别的进一步分析奠定基础。

聚类算法有很多种，主要包括划分法、层次法、基于密度的方法、基于网格的方法、基于模型的方法。这几种方法中，聚类算法 K-means 算法是最广泛

使用聚类方法。它的主要原理如下：

假定一个数据集有 N 个元组或者记录，设定或构造 K 个分组，每一个分组就代表一个类别（$K<N$）。注意，K 需要满足下列条件：

1）每一个分组至少包含一个数据记录；

2）除某些模糊聚类算法外，每一个数据记录应该满足属于且仅属于一个分组的条件；

对于给定的 K，算法首先给出一个初始的分组方法，以后通过反复迭代的方法改变分组，使得每一次改进之后的分组方案都较前一次好，而所谓好的标准就是：同一分组中的记录越近越好，而不同分组中的记录越远越好。

K-means 算法，也被称为 K-均值或 K-平均。K-means 算法首先随机选择 K 个簇的质心，质心一般刚开始是随机选择 K 个对象；接下来判断剩余的每个对象与各个质心之间的距离，比较之后，将其归类为距离最近的簇，然后对每个簇的质心进行重新计算；不断重复整个过程，直到准则函数收敛才结束。一般情况，会选取平方误差小的准则函数，即 SSE(sum of the squared error)，其定义如下：

$$SSE \sum_{i=1}^{k} \sum_{p \in C_i} \|p - m\|^2$$

SSE 是数据库中所有对象的平方误差总和，P 为数据对象，m_i 是簇 C_i 的平均值。这个准则函数能够使得结果尽可能的紧凑和独立。

K-means 算法的计算步骤如下：

1）给定数据集，大小为 n，令 $i=1$，选取 K 个初始聚类中心 $Z_j(i)$，$j=1$，2，…，k；

2）对每个数据对象与聚类中心的距离进行计算 $D(x_i, Z_j(i))$，$i=1$，2，…，n，$j=1$，2，…，k，如果满足：$D(x_i, Z_k(i)) = \min\{D(x_i, Z_j(i))$，$i=1$，2，…，$n\}$，则 $x_i \in C_k$；

3）重新计算 K 个簇的新的质心：即取聚类中所有元素各自维度的算术平均数；

4）判断：若 $Z_j(i+1) \neq Z_j(i)$，$j=1$，2，…，k，则 $i=i+1$，返回（2）；否则算

法结束。

其中距离 D 的求法有以下几种。

1）欧几里得距离

$$d(X,Y) = \sqrt{(x_1-y_1)^2 + (x_2-y_2)^2 + \cdots + (x_n-y_n)^2}$$

其意义就是两个元素在欧氏空间中的集合距离，因为其直观易懂且可解释性强，被广泛用于标识两个标量元素的相异度。

2）曼哈顿距离

$$d(X,Y) = |x_1-y_1| + |x_2-y_2| + \cdots + |x_n-y_n|$$

3）闵可夫斯基距离

$$d(X,Y) = \sqrt[p]{|x_1-y_1|^p + |x_2-y_2|^p + \cdots + |x_n-y_n|^p}$$

例：如图 3-2 是 2006—2010 年间亚洲 15 只球队的足球比赛战绩。我们首先对数据进行数据预处理：分为世界杯和亚洲杯，进入世界杯决赛的取其最终排名，如果没有进入决赛，则又分为两种情况：预选赛十强赛是 40，预选赛小组未出线为 50。进入亚洲杯前 4 名的取其排名，亚洲杯八强值为 5，亚洲杯十六强值为 9，亚洲杯预选赛没有出线的球队是 17，具体数据预处理后的数据如图 3-2。

	A	B 2006年世界杯	C 2010年世界杯	D 2007年亚洲杯
2	中国	50	50	9
3	日本	28	9	4
4	韩国	17	15	3
5	伊朗	25	40	5
6	沙特	28	40	2
7	伊拉克	50	50	1
8	卡塔尔	50	40	9
9	阿联酋	50	40	9
10	乌兹别克斯坦	40	40	5
11	泰国	50	50	9
12	越南	50	50	9
13	阿曼	50	50	9
14	巴林	40	40	9
15	朝鲜	40	32	17

图 3-2 亚洲 15 只球队在 2006—2010 年间大型比赛的战绩

1）规格化数据

由于取值范围大的属性对距离的影响高于取值范围小的属性，因此聚类前，一般先规格化属性值。属性规格化就是将每个属性的属性值按一定方法映射到一个统一的取值区间，这样就可以把每个属性的影响进行平衡，一般情况下，常用的映射区间为[0, 1]区间。

2）选取 K 个初始聚类中心

假设将这几支球队聚为三类，则取 K=3。首先抽取三个簇的质心分别为：日本、巴林和泰国的数值，即初始化三个簇的中心为 A：{0.3, 0, 0.19}，B：{0.7, 0.76, 0.5}和 C：{1, 1, 0.5}。如图 3-3 所示。

	A	B	C	D
1		2006年世界杯	2010年世界杯	2007年亚洲杯
2	中国	1	1	0.5
3	日本	0.3	0	0.19
4	韩国	0	0.15	0.13
5	伊朗	0.24	0.76	0.25
6	沙特	0.3	0.76	0.06
7	伊拉克	1	1	0
8	卡塔尔	1	0.76	0.5
9	阿联酋	1	0.76	0.5
10	乌兹别克斯坦	0.7	0.76	0.25
11	泰国	1	1	0.5
12	越南	1	1	0.25
13	阿曼	1	1	0.5
14	巴林	0.7	0.76	0.5
15	朝鲜	0.7	0.68	1

图 3-3 三个簇中心的初始化

3）计算每个数据对象到聚类中心的距离 $D(x_i, Z_j(I))$

计算所有球队分别对三个中心点的相异度，以欧氏距离度量。

例：中国 {1, 1, 0.5}，A：{0.3, 0, 0.19}

$$d(X,Y) = \sqrt{(1-0.3)^2 + 1^2 + \cdots + (0.5-0.19)^2} \approx 1.2594$$

图 3-4 中从左到右依次表示各支球队到当前中心点的欧氏距离，将每支球队分到最近的簇，可对各支球队做如下聚类：

中国 C，日本 A，韩国 A，伊朗 B，沙特 B，伊拉克 C，卡塔尔 C，阿联酋 C，乌兹别克斯坦 B，泰国 C，越南 C，阿曼 C，巴林 B，朝鲜 B，印尼 C。

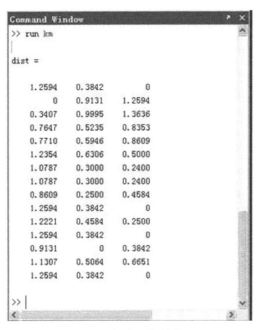

图 3-4 程序运行结果

第一次聚类结果：

A：日本，韩国；

B：伊朗，沙特，乌兹别克斯坦，巴林，朝鲜；

C：中国，伊拉克，卡塔尔，阿联酋，泰国，越南，阿曼，印尼。

经过分析，得出结论：日本，韩国的球队为一流球队；伊朗，沙特，乌兹别克斯坦，巴林，朝鲜为二流球队；中国，伊拉克，卡塔尔，阿联酋，泰国，越南，阿曼，印尼为三流球队。

数据挖掘不仅可以分析出一些表面信息，比如谁的实力更强等，还可以分析出一些潜在的信息和很有趣的信息，比如我们通过数据分析发现伊朗和沙特球队的水平相当等信息。

常见的回归方法有：线性回归、逻辑回归、多项式回归、逐步回归等。

1）线性回归

线性回归一般是学习模型的人员接触的第一个模型，也是公认的最知名的建模方法之一。它对模型的要求是自变量是连续型或者离散型，但是因变量必须是连续型的，而且做出的回归线是线性的，因此叫线性回归。

线性回归时用一条直线去拟合自变量和因变量之间的关系，比如自变量 X 和因变量 Y 的关系可以用线性回归公式表示：

$$Y=a+bX+e$$

其中，a 为截距，b 是线性回归线的斜率，e 是误差项。

2）逻辑回归

逻辑回归是用来找到事件成功或事件失败的概率。当因变量是二分类（0/1，True/False，Yes/No）时应该使用逻辑回归。

在线性回归的基础上，套用一个逻辑函数，就可以建立逻辑回归模型，但恰恰是因为这个逻辑函数，逻辑回归模型深受机器学习研究者的喜爱。对于多元逻辑回归，可以根据下面的公式进行分类，将在逻辑回归模型参数估计时，化简公式带来很多益处，$y=\{0, 1\}$ 为分类结果。

$$\begin{cases} p(y=1|x,\theta) = \dfrac{1}{1+e^{-\theta^T x}} \\ p(y=0|x,\theta) = \dfrac{1}{1+e^{\theta^T x}} = 1 - p(y=1|x,\theta) = p(y=1|x,-\theta) \end{cases}$$

令：$h_\theta(x) = g(\theta^T x) = \dfrac{1}{1+e^{-\theta^T x}}; g(z) = \dfrac{1}{1+e^z}$

之后如果数据是 $x = (x_1, x_2, \cdots, x_m), y = (y_1, y_2, \cdots, y_m)$，一般会选择用极大似然估计法进行逻辑回归模型的构建。

人与计算机结合采用的方法：人力结合着计算机的方法来寻找异常数据。

2. 数据集成。数据集成就是将不同来源的不同数据库中的数据集成到一起，并保持一致性的数据存储，比如对数据进行清理，消除数据冗余之后，将不同数据库的数据集成到一个数据仓库。

（1）实体识别问题：数据集成过程中会碰到来自不同数据源的数据，而且这些数据还不是匹配的，比如，如果两个数据库中都有属性id，分别为student_id和stu_id，那就需要数据分析和处理人员有这种数据敏感性，能够发现这两个属性是指的同一个属性。在数据集成之后，往往要检查错误，可以通过数据仓库中的元数据来找寻集成过程中产生的错误。

（2）冗余问题：数据集成过程中，经常会出现冗余数据，比如同一属性出现多次，并且名字不同，就不容易发现，这时就可以利用属性之间的相关性分析，来检测数据冗余问题。

（3）数据值冲突检测与处理：现实数据中，由于表示方式、比例、数据类型和单位不统一，字段长度不一致等原因，可能会导致不同来源的数据同一属性的属性值可能不一致，这就需要进行冲突检测，并进行统一化处理。

3. 数据变换。数据变换就是将原始数据根据数据挖掘的不同要求进行转换，以适应数据挖掘的具体要求。比如数值按比例进行缩放操作，就可以使得这一属性的数值缩小到一个比较小的特定区间。尤其是有一些挖掘算法是基于距离的，对这方面要求更为严格。另外数据变化还包括：数据的平滑处理、数据泛化、数据规格化处理、数据的聚集处理等操作。如果已经找到数据的特征表示，则可以通过规划方法、投影方法、旋转方法、归约等操作，减少属性的数量或者找到数据的不变形式。其中，数据规格化可以将元组数据集根据规格化的具体条件进行合并，即属性量纲的归一化。同时，规格化使得属性的多个属性值与给定值之间存在一一对应关系，根据数值属性的特征，可以分为取值连续和取值分散的属性规格化。

因此，可以总结为数据转换的处理方法主要有：

合计处理：合计处理可以构造数据立方体，以此来对数据进行总结或合计；

泛化处理（generalization）：将低层次的数据或数据层的数据对象用抽象的、高层的概念取代；

规格化：规格化是将数据按照特定比例映射到特定的小范围中；

属性构造：为了使得后续的数据挖掘过程顺利开展，可以依据已有的属性来构造新的属性。

4. 数据规约。数据规约可以降低时间复杂度，提升数据挖掘的效率和质量。它主要是通过不同的办法对数据进行压缩，比如数值聚集、删除冗余数据等方法，但是前提是不会影响数据挖掘的结果。我们所说的数据处理并不是单独存在的，而是相互之间有关联的，比如删除冗余数据既属于数据规约，同时也属于数据清理的一种形式。往往做好数据集成和规约之后，还需要进一步的数据清理。数据规约首先需要语义结构定义属性值之间的关系，然后按照语义层次结构进行合并，通过规约化的操作，能够使得元组个数大量的减少，同时，还可以大大提高知识发现的起点，使得这一算法能够适应不同场景的需要，发现更多的知识，知识层次也更多。

数据规约是在保持原始数据完整性的前提下，对原始数据进行规约，规约之后数量就会小很多，这样可以大大提高数据挖掘算法的性能和提升数据挖掘算法的效率。一般常用的数据规约方法主要包括：数值的压缩，数据的离散化和概念分层，数据压缩等方法。

（1）维规约：维规约可以压缩数据集、还可以大大减少属性的数量，它主要通过对不相关的属性（或纬）进行删除，以此来减少数据量。为了保证数据的概率分布尽可能和所有属性的原分布更接近，一般会用属性子集选择方法来找出最小属性集。

（2）数据压缩：数据压缩有两种方法：有损压缩和无损压缩。其中，小波变换和主成分分析是目前比较有效和流行的有损数据压缩方法，而对于稀疏、倾斜数据和有序属性的数据，小波变换能够达到更好的压缩效果。

（3）数值规约：数值归约技术分为两种：有参数值归约、无参数值归约。它主要是利用可以替代的或者较小的数据表示形式来使得数据量能够减少。其中，数值规约有参数方法是利用某个模型来对数据进行评估，这个过程只需要参数，而不需要实际数据的存放。无参数值规约主要包括聚类方法、选样方法和直方图方法三种。

（4）概念分层：概念分层可以对数据进行归约，它可以用较高层的概念替换较低层的概念，以此来对数值属性的离散化进行定义，这样的操作会丢失一些细节内容，但是概化后的数据会更清晰，容易被人理解，并且更有意义，需要的空间也会比原始数据少很多。由于数值属性中的数据可能的取值范围比较多样，并且更新比较频繁，所以使用概念分层相对比较困难。一般可以通过一些方法，比如：直方图分析、聚类分析、分箱、自然划分分段和基于熵的离散化等方法来分析数据的分布，从而自动构造概念分层；也可以根据用户专家在模式级中说明的属性的序来获取概念的分层；也可以排除偏序，只参考属性集，系统根据每个属性不同值产生属性序，从而自动构建概念分层。

3.4 数据预处理技术

3.4.1 数据清洗

数据清洗是数据处理的重要组成部分。对于获取的数据，有些数据良好，方便使用。但是大部分数据即使清洗过，也会有格式不一致和可读性的问题，例如首字母缩写或描述性标题不匹配，特别是数据来自多个数据集。除非在数据格式化和标准化上花点工夫，否则数据不可能正确合并，也就没用了。数据清洗可以让数据更容易存储、搜索和复用。先清洗数据，再把数据保存到适当的模型中会容易很多。想象一个数据集中有很多列（或字段），应该保存成特定的数据类型，比如日期、号码或电子邮件地址。如果能将预期格式标准化，清洗或删除不合格的数据，就可以保证数据的一致性，在以后需要查询数据集时也不用做大量工作。在清洗数据的过程中，我们希望记下清洗过程的每一步，这样就可以在研究中为我们的数据集及其使用方法提供支持，同时也可以方便我们自己以及其他人的后续使用，通过记录清洗过程，在遇到新的数据时，我们可以重复整个过程。

数据清洗是数据预处理的第一个步骤，简单来说，其目的就是要除去原始数据中有误的、冗余的和与数据挖掘结果不相关的数据。原始数据中包含有丰富的信息，它记录下了用户的各种大量信息，是个巨大的、充满噪声的数据源，而且由于数据是来自于不同平台，并且数据的结构也是不相同的，有结构化的数据，也有非结构化的数据。但是，在实际进行数据挖掘过程中，数据挖掘算法只会使用真正有实际意义的那部分数据，因此，我们需要将原始数据中或者没用的信息进行删除处理。在数据清洗过程中也要注意符合数据挖掘过程中数据清洗的基本原则，以及挖掘的目的。比如：数据清洗是为了对噪声数据和无用数据进行删除，而有用的信息是不可以删除的。对原始数据中的不完整数据要进行数据填充；对异常值数据要进行数据修正或删除；对缺失数据要进行标记填充，以此来保证数据挖掘结果的有效性和正确性。

数据清洗需遵循的一般原则：

（1）对数据的属性和含义要明确：要对采集得到的数据进行处理，比如数据属性的确定，数据单位的统一，根据实际经验和大量分析之后，赋予其具有明确含义的属性名称和数据的单位；

（2）对多来源数据的数据属性进行规范统一：对数据属性进行统一，去除重复属性，去除可忽略字段，保证数据在之后的仓储、处理、应用过程中的属性的统一性；

（3）异常数据处理：检测异常数据（无效数据、重复数据等）并进行清洗处理。常用的方法包括：遗漏数据填补、异常数据的消除、噪声数据的平滑，以及对不一致的数据进行一致化，数据中的噪声要去除、空缺值和丢失值要进行填补、处理不一致的数据。

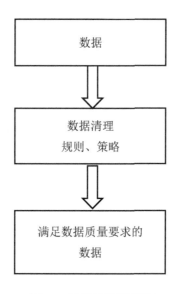

图 3-5 数据清洗原理图

数据清理主要分为两个步骤：

第一步是检测偏差。当我们在原始数据中发现异常值、噪声和离群点时，可以依靠原始数据的数据性质进行数据处理。我们要对每个属性的定义和类型、它可赋予的值、值的长度范围等进行考察，还要对其的所有值是否都在期望的值域内、属性之间是否具有依赖性，从而对数据的趋势进行把握，及时发现数据异常。一种错误是远离给定属性均值超过两个标准差的值可能标记为潜在的离群点。另一种错误是源编码使用和数据表示的不一致问题。而字段过载是另一类错误源。在对数据进行考察时还要遵循唯一性、连续性和空值规则。

可以使用其他外部材料人工地更正某些数据不一致。如数据输入时的错误可以使用纸上的记录加以更正。但大部分错误需要数据变换。

第二步纠正偏差。对第一步发现的偏差进行纠正。一般我们需要利用数据变换来纠正它们，但是有时候商业工具是不支持数据变换或者只支持有限的数据变换，因此就需要自己编写程序实现数据清理。偏差检测和纠正偏差这两步过程迭代执行。随着对数据的了解增加，重要的是要不断更新元数据以反映这种知识。这有助于加快对相同数据存储的未来版本的数据清理速度。

根据实现方式与范围，数据清洗可分为：

（1）手工实现，完全依靠人工检查，虽然投入足够多的人力有可能发现所有错误，但是效率太低下，而且对于大数据时代，这种工作方式几乎是不可能的。

（2）编写专门的应用程序，这种方法在一定程度上能解决某个特定的问题，但灵活性不好，一般情况下，数据清理一遍就达到要求的很少，这就需要清理过程反复进行，从而导致程序复杂，尤其是清理过程变化时，工作量更大。这种方法也没有发挥出数据库在数据处理方面强大的能力优势。

（3）某类特定应用领域问题的解决，如查找数值异常的记录可以利用概率统计学原理，对地址、姓名、邮政编码等进行清理，这是目前研究得较多的领域，也是应用最成功的一类。如商用系统：Trillinm Software 等。

（4）清理与特定应用领域无关的数据，这部分可以清理重复记录，如 Data Cleanser、Data Blade Module、Integrity 系统等。

上述 4 种实现方法，后两种由于其通用性和实用性，使越来越多的人开始注意。这 4 种方法基本上都是分为三个阶段：数据分析、定义错误类型；搜索、识别错误记录；修正错误。

综上所述，目前数据清洗发现错误的处理方法分类主要有：

（1）仍以人工分析为主，当然也有一部分数据分析工具。根据错误类型主要分为：单数据源与多数据源，并将它们又各分为结构级与记录级错误。这种分类非常适合于解决数据仓库中的数据清理问题。

（2）有两种基本的思路用于识别错误：一种是利用数据中存在的模式清理数据；另一种是基于数据的，主要根据预定义的清理规则，查找不匹配的记录。

（3）进行程序的编制或借助于外部标准源文件、数据字典在一定程度上来进行错误修正，当然这在某些特定领域能够使用；对数值字段，有时能根据数理统计知识自动修正，但经常须编制复杂的程序或借助于人工干预完成。

数据清理是将重复记录进行精简或去除，并将去除之后的数据转换成标准的格式。数据清理的过程包括：数据输入到数据清理处理器，通过一系列数据清理流程，最后以符合用户要求的格式进行数据的输出。整个处理过程包括从数据的准确性、完整性、一致性、惟一性、适时性、有效性几个方面来处理数据的丢失值、越界值、不一致代码、重复数据等问题。

数据清理一般都是针对其一具体应用，因而难以归纳统一的方法和步骤，但是根据数据不同可以给出相应的数据清理方法。

（1）解决不完整数据的方法

一般情况，缺失值需要手工清理，常用的缺失值填充方法有最大值、最小值、平均值和概率估计等方法。但是实际情况中，常见的缺失数据并没有原始数据可以参考，比如银行房屋贷款信用风险评估模型中的客户数据，某些属性可能就没有记录值，如客户的家庭月总收入。这种情况一般可以用下面的方法：

1）忽略元组当缺少类标签时，通常假设挖掘任务涉及分类。除非元组具有缺失值的多个属性，否则此方法效率不高。当每个属性的缺失值百分比变化很大时，其性能特别差。

2）人工填写缺失值，这种方法在数据量比较大时，相当费时费力，当缺失值比较多时，更不具有可行性。

3）全局常量填充缺失值，将缺失的属性值用同一个常数，如0或1替换。但这种方法可能会由于大量地采用同一个属性值而导致挖掘程序得出有偏差甚至错误的结论，因此使用时要慎重。

4）用均值填充该属性缺失值，例如，已知某市某银行的贷款客户的平均家庭月总收入为5000元，则使用该值替换客户收入中的缺失值。

5）用同类样本的属性均值填充缺失值，例如，将银行客户可按信用度分类，就可以用和该缺失用户的信用度相同的贷款客户的家庭月总收入替换。

6）使用最可能的值填充缺失值，这种常用的方法有：回归、贝叶斯形式化的基于推理的工具和决策树等。例如，利用决策树算法可以将其他客户顾客的属性进行数据集中，从而构造一棵决策树来预测家庭月总收入的缺失值。

7）用最邻近方法填充缺失值，使用已有数据的大部分信息来预测缺失值。

（2）错误值的检测及解决方法

识别出可能的错误值或异常值，常用的方法包括：识别不遵守分布或回归方程的值、偏差分析，也可以用常识性规则、业务特定规则等简单规则库检查数据值，或使用不同属性间的约束、外部的数据来检测和清理数据。

（3）检测和消除重复记录的方法

数据库通过判断记录间的属性值是否相等来检测记录是否相等，判断属性值相同的记录即重复记录，然后把相等的记录合并为一条记录或者直接清除。合并/清除是消除重复的基本方法。

（4）检测数据不一致性及解决方法

多源数据可能会存在语义冲突，这时可以定义数据库的完整性约束来检测数据的不一致性，也可通过分析数据发现联系，从而使得数据保持一致。目前开发的数据清理工具大致可分为三类：数据迁移工具可以提前把一些简单的转换规则指定好，如：将字符串 ab 替换成 cd。Sex 公司的 Prism Warehouse 是一个流行的工具，就属于这类。对数据作清洗时使特定领域特有的知识（如，工资收入）。它们通常采用语法分析和模糊匹配技术完成对多数据源数据的清理。某些工具可以指明源的"相对清洁程度"。工具 Integrity 和 Trillum 属于这一类。数据审计工具可以通过扫描数据发现数据之间的规律和联系。因此，这类工具可以看作是数据挖掘工具的变形。

3.4.2 数据集成

数据集成为了解决数据的不一致性问题，将多个文件或者多个数据源中的数据进行合并之后，存在一个具有一致性标准的数据库中。并且数据有可能来自于多个并且是异构的应用系统，就有可能会产生属性的名称、单位、类型等都不一致等问题。所以，在数据集成过程中，需要发现和统一这些矛盾，对原始数据进行重新组织，通常进行以下 3 个步骤：

（1）模式匹配。将不同数据源的数据进行整合，并对匹配规则进行声明，以防止出现模式匹配的错误。

（2）数据冗余，指的是有些信息会重复存在，如在不同的数据库中会有不同的字段名的数据有可能是同一个属性，数据冗余可以导致挖掘程序对冗余数据进行重复的处理，影响数据挖掘的效率，同时也加重了数据挖掘的工作。

（3）数据值冲突，指的是在多个数据源中，表示同一实体的属性值可能不同，这些不同表现在表示的差异、数据值、比例尺度、数据类型、数量单位或编码等方面。

由于数据源的多种多样，以及多个数据立方体或文件，所以在数据集成时，要考虑许多问题。

（1）模式集成和对象匹配。多个来源数据库要对数据实体进行识别，判断不同数据库之间是否有相同的属性，这可以用到元数据，可以利用每个属性的元数据进行数据的变换，还可以防止模式集成错误的发生。

（2）冗余问题。数据属性如果由一个和另一个属性导出的，那么它就有可能是冗余属性。还有一些属性的命名不一致也有可能导致数据的冗余问题。有些冗余问题是可以利用属性之间的相关性分析检测出来，比如一个属性能够在一定程度上蕴含另一个属性，对于数值属性来说，可以计算属性之间的相关系数来判断这两个属性之间的相关度，从而判断数据冗余问题是否存在。

（3）数据值的冲突检测与处理。不同数据源的数据，可能会由于数据的表示、比例和数据的编码不同而使得现实世界的同一实体的属性值不同。比如，重量这一属性如果以公制单位存放，而另一个系统以英制单位存放就会产生不同的数值。再比如说，连锁旅馆可能在不同的城市都有，但是由于不同城市的房价可能涉及不同的服务、不同的优惠政策等，那么体现在系统数据中的数据，就有可能不同。那么，数据集成是在保证原始系统中数据属性函数依赖和参照约束与目标系统匹配的前提下进行数据的集成。同时，数据集成也因为数据语义的异构变得更加困难，因此，多个数据源的数据应该尽可能细致地进行数据集成，从而避免数据的冗余与不一致，提高其挖掘过程的准确率和速度。

3.4.3 数据变换

数据变换是将原始数据转换为数据挖掘所要求的形式，即将数据进行规范化和聚集。一般情况下，原始取得的数据是不适合直接进行数据挖掘的，所以，一般我们需要对数据进行变换，具体变换形式包括：

（1）数据的概化，通过概念分层，用高层次概念代替低层次概念数据，可以避免概念细化造成的效率低下。

（2）数据的规范化，为了提高数据分析和数据挖掘的准确性和执行效率，通常会把数据按比例缩放，使得变化之后的数据落在一个合理的范围之间。

（3）数据的平滑处理，平滑处理包括离散化连续数据，增加粒度，去除噪声，数据的聚集等。

（4）属性的构造，为了提高对数据挖掘结果的准确性，帮助高维数据结构的理解，常常会利用已知属性构造出新属性，并把新属性加入到已知属性集合中。属性值通过按比例缩放的方式，落入一个较小的特定区间，如 0~1 之间，从而对属性进行规范化处理。规范化对于某些算法效果比较好，比如涉及神经网络或距离度量的分类算法，最近邻分类和聚类。尤其是神经网络后向传播算法，对每个属性的输入进行规范化处理能够加快神经网络算法学习速度。对于一些算法是基于距离的方法，数据的规范化可以帮助防止具有较大初始值域的属性与具有较小初始值域的属性相比权重过大。除此之外，有很多数据规范化的方法，常用的有三种：最小-最大规范化、Z-score 规范化和按小数定标规范。

1）最小-最大规范化

最小-最大规范化，属性的最大、最小值分别为 max、min，对某条样本的该属性 v 进行规范化时，新的 v 值=$(v-min)/(max-min)$。

规范化：原取值区间 [o_min，o_max]，规范化后的新的取值区间 [n_min，n_max]。

2）Z-score 规范化

Z 分数规范化（Z-score），属性的均值为 u，标准差为 σ，对某条样本的该属性 v 进行规范化时，新的值=$(v-u)/\sigma$。当属性的实际最大值、最小值未知，或者离群点左右了最小-最大规范化时，这种方法比较有效，即对离群点具有一定鲁棒性。

例：某属性的平均值和标准差分别为 80、25，采用 Z-score 规范化 66 为：$x'=-0.56$。

3）按小数定标规范

通过移动属性 A 的小数点位置进行规范化。

例：假设某属性值规范化前的取值范围为[-120, 110]，采用小数定标规范化66。由于该属性的最大绝对值为120，则66规范化后为：$x'=0.066$。

3.5 降维问题

数据降维可以在保证挖掘数据的完整性的基础上，获得一个相对精简的数据集合，这样处理之后的数据集可以使得数据挖掘的效率相对更高，并且挖掘出来的结果与原始数据集挖掘的结果基本相同。但是，数据降维有一个前提，就是用于数据降维，数据处理的时间不能超过在降维后的数据上挖掘节省的时间，因此，可以说，数据降维之后得到的数据比原数据集小得多，但可以产生相同或几乎相同的数据挖掘和分析结果。

常用的降维方法有：一种是属性选择方法；一种是高维特征向低维特征转变的方法；还有一种是数字降维法。

1. 常用的属性选择方法

（1）逐步向前选择。空属性集作为归约集开始；然后确定原属性集中最好的属性，并将其添加到归约集中；重复进行前面操作，最终将剩下的原属性集中最好的属性依次添加到归约集中。

（2）逐步向后删除。刚开始由整个属性集开始，接下来每一步,删除一个尚在属性集中最差的属性，依次类推反复进行。

（3）向前选择和向后删除的结合。将逐步向前选择和向后删除方法结合在一起,每一步选择一个最好的属性,并在剩余属性中删除一个最差的属性。

（4）决策树归纳。决策树算法除了可以用于分类之外，还可以利用决策树归纳构造一个类似于流程图的结构，其中每个内部非树叶节点表示一个属性的测试,每个分枝对应于测试的一个输出，每个外部树叶节点表示一个类预测。在每个节点, 算法选择"最好"的属性,把数据划分成类。

用已知数据构造决策树，并进行属性子集选择。假定所有不出现在树种的属性都是不相关的，出现在树中的属性形成归约后的属性子集。每种方法停止的条件都不同,一般可以使用一个度量值确定什么时候停止属性的选择过程。

2. 特征映射方法

(1) 线性映射

线性映射方法的代表方法有:PCA(Principal Component Analysis)。

主成分分析(PCA):首先搜索 k 个最能代表数据的 n 维正交向量,其中 $k \leq n$。这样,原始数据就会投影到一个比较小,而且维度也比较低的空间。通过创建一个替换的、更小的变量集"组合"属性的基本要素,原始数据可以投影到该较小的集合中。这种方法常常揭示先前未曾察觉的联系,并因此允许解释不寻常的结果。基本流程如下:

1) 数据的归一化处理。对输入数据进行规范化处理,使得每个属性都落入相同的区间。这样能够保证具有较小定义域的属性不会被具有较大定义域的属性所支配。

2) 计算 k 个标准正交向量,作为规范化输入数据的基础。这些是单位向量,它们之间都会互相垂直,即每一个方向都垂直于另一个,这些向量称为主成分。输入数据是主成分的线性组合。

3) 按"重要性"或强度降序排列主成分。主成分基本上充当数据的新坐标轴,提供关于方差的重要信息。也就是说,对坐标轴进行排序,使得第一个坐标轴显示数据的最大方差,第二个显示次大方差,如此下去。

4) 主成分根据"重要性"降序排列,然后可以对数据的规模进行归约,及通过去掉较弱的成分即方差较小的数据。使用最强的主成分,应当能够重构原数据的很好的近似。

综上所述,主成分分析方法(PCA)具有计算开销低的优点,可以用于有序和无序的属性,并且可以处理稀疏和倾斜数据。如果碰见多于 2 维的多维数据,则可以通过将问题归约为 2 维问题来处理。主成分可以用作多元回归和聚类分析的输入,能够很好地处理稀疏数据。

(2) 非线性映射

非线性映射方法的代表方法有:二维化和张量化(二维+线性),流形学习(ISOMap,LLE,LPP)。

1）二维化和张量化：将数据映射到二维空间上，常见算法比如二维主分量分析、二维线性判别分析、二维典型相关分析。

二维化和张量化优缺点：优点是计算效率高，有些数据二维降维效果要明显好于一维降维；缺点是原理机制研究不透彻。

2）流形学习：流形学习的主要算法有：ISOMap（等距映射）、LE（拉普拉斯特征映射）、LLE（局部线性嵌入）。

流形假设数据采样于某一流形上，就是直线或者曲线是一维流形，平面或者曲面是二维流形，更高维之后是多维流形。一个流形好比是 d 维的空间，是一个 m 维空间（$m>n$）被扭曲之后的空间。流形并不是一个"形状"，而是一个"空间"。

ISOMap 是一种非迭代的全局优化算法。ISOMap 对多维尺度分析（Multidimensional Scaling，MDS）进行改造，用测地线距离（曲线距离）作为空间中两点距离，原来是用欧氏距离，从而将位于某维流形上的数据映射到一个欧氏空间上。ISOMap 将数据点连接起来构成一个邻接 Graph 来离散地近似原来流形，而测地距离则相应地通过 Graph 上的最短路径来近似。比如：我们将球体曲面映射到二维平面上。

3.数字降维方法

数字降维方法常用的主要有：奇异值分解、独立分量分析、非负矩阵分解三种方法。

（1）奇异值分解

奇异值分解是输入数据数字降维方法中最好的方法。用这种方法产生的因素是输入子空间的正交基向量控件。按照重要性确定因素，找到找寻方向上方差最高的输入数据，指导所需的因素都被提取停止。而众多方法中，奇异值分解通常被认为是最好的数字降维方法，特别是当比了解底层数据的生成模型时。

（2）独立分量分析

独立分量分析和奇异值分解方法比较类似，它是确定了一组跨越子空间的输入向量空间向量。独立分量分析不仅可以识别正交向量，而且特别适合非正交的输入数据是一个线性组合的输入数据。

（3）非负矩阵分解

非负矩阵分解也是一种数字降维方法。这种方法对数值属性有限制，限制为非负矩阵分解，因此，它就适合一些领域，比如教育领域，没有负相关的话题方面比较适用。

3.6 案例分析

3.6.1 案例一：软件工程师求职信息挖掘

本数据来自于某招聘网站于2016年12月发布的十大热门城市的软件工程师岗位需求情况，共包含17754条数据，每条代表一个软件工程师的岗位需求情况及要求，部分数据如图3-6所示。本案例将选用 R 语言为语言处理工具，将软件工程师求职信息进行数据挖掘之前的数据预处理。

岗位名称	职位月薪(最低)元/月	职位月薪(最高)元/月	工作经验	招聘人数	工作地点	工作性质	最低学历	公司规模	公司性质
ArcGIS工程师	10001	15000	3-5年	1人	北京	全职	本科	20-99人	上市公司
Java开发工程师	10001	15000	1-3年	1人	北京	全职	大专	20-99人	民营
C# winform(外派同方威视)	10001	15000	3-5年	2人	北京	全职	本科	20-99人	股份制企业
.NET工程师	8001	10000	1-3年	3人	北京	全职	本科	500-999人	股份制企业
C研发工程师	10001	15000	1-3年	1人	北京	全职	大专	500-999人	民营
JAVA工程师(互联网金融)	10001	15000	1-3年	5人	北京	全职	大专	500-999人	民营
JAVA高级工程师	15000	25000	3-5年	6人	北京	全职	本科	100-499人	民营
实训IT软件开发工程师	6001	8000	不限	8人	北京	全职	大专	100-499人	民营
Java 开发工程师	10001	15000	3-5年	3人	北京	全职	本科	100-499人	股份制企业
C语言开发工程师	4000	8000	不限	1人	北京	全职	大专	500-999人	股份制企业
JAVA 开发工程师	10001	15000	3-5年	5人	北京	全职	不限	100-499人	股份制企业
Java初级工程师	4000	7000	1-3年	1人	北京	全职	大专	100-499人	合资
Java中级工程师	7000	10000	3-5年	2人	北京	全职	大专	100-499人	合资
:/C++高级研发工程师(301201	8000	15000	3-5年	1人	北京	全职	本科	10000人以上	上市公司
三维gis平台工程师	10001	15000	1-3年	2人	北京	全职	本科	100-499人	其它
项目经理	15001	20000	不限	1人	北京	全职	大专	100-499人	民营
C++开发工程师(图像处理)	10001	15000	3-5年	1人	北京	全职	本科	100-499人	股份制企业

图 3-6 软件工程师职位信息原始数据

变量说明如下：

（1）职位月薪上限，定量变量(元)，1000～120000元，496条缺失(面议或缺失)；

（2）职位月薪下限，定量变量(元)，1000～100000元，545条缺失(面议或缺失)；

（3）岗位名称，包括 JAVA 开发工程师、PHP 实习生等；

（4）工作经验，数值型，0～10，表示要有规定的工作经验才能入职；

（5）最低学历，定性变量，共 8 个水平，中技、高中、中专等；

（6）工作性质，定性变量，共 4 个水平，兼职、全职、实习等；

（7）招聘人数，定量变量，1~999，2 条缺失；

（8）公司地点，定性变量，共 10 个水平，北京、上海、南京等；

（9）公司规模，定性变量，共 6 个水平，20 人以下，20~99 人等；

（10）公司性质，定性变量，共 8 个水平，民营、国企、合资等。

1. 数据预处理

（1）读取、查看数据

\>setwd（"D:/data"）

\>install.packages（"xlsx"）

\>library（xlsx）>job<-read.xlsx（"datas.xlsx"，sheetIndex=1,encoding="UTF-8"）

\>dim（job）

[1]17754 10

\>str（job）

'data.frame': 17754 obs. of 10 variables:

\$岗位名称:Factor w/11274 levels ""，"--初级软件工程师4K起5险1金+内部培养"，...:1055 3083 1244 212 1676 2834 2779 9731 2343 1693...

\$职位月薪.最低.元.月:Factor w/55 levels "1000"，"10000"，...:3 3 51 3 3 10 44 3 32...

\$职位月薪.最高.元.月:Factor w/66 levels "10000"，"10000"，...:19 19 19 2 19 19 32 60 19 60...

\$工作经验:Factor w/13 levels "1-10年"，"1-3年"，...:8 2 8 2 2 2 8 12 8 12...

\$招聘人数:Factor w/55 levels "100 人"，"10 人"，...:15 15 26 35 42 42 46 50 35 26...

\$工作地点:Factor w/105 levels "北京"，"成都"，...:1 1 1 1 1 1 1 1 1 1...

\$工作性质:Factor w/4 levels "兼职"，"全职"，...:2 2 2 2 2 2 2 2 2 2...

\$最低学历:Factor w/8 levels "本科"，"博士"，...:1 4 1 1 4 4 1 4 1 4...

$公司规模:Factor w/6 levels "100-499人","1000-9999人",..:4 4 4 6 6 6 1 1 1 6...

$公司性质:Factor w/8 levels "股份制企业","国企",..:6 4 1 1 4 4 4 1 6...

>summary(job)#查看数据

(2) 改各列字段名

因为有一些编程语言对中文支持不太好,因此,需要将数据字段名修改为英文,这样数据分析及挖掘起来比较方便。

>names(job)<-c("job","lowsalary","highsalary",+"work-experience","num","workplace","work-character",+"education","company-size","company-character")

(3) 缺失值和异常值处理

>install.packages('magrittr')

>library(magrittr)#方便使用%>%管道函数,虽然后文中的stringr也带管道函数

>sum_na<-function(d_col){

sum(is.na(d_col))

}

sapply(job,sum_na)%>%as.data.frame()#查看缺失值

job 0

lowsalary 54

highsalary 49

work-experience 0

num 0

workplace 0

work-character 0

education 0

company-size 0

company-character 0

可见有缺失值，进行缺失值删除：

>job[is.na(job$lowsalary)|is.na(job$highsalary),]

>job<-job[-which(is.na(job$lowsalary)),]

>job<-job[-which(is.na(job$highsalary)),]

（4）对 lowsalary 和 highsalary 属性进行处理

但从数据可见，lowsalary 和 highsalary 都有很多<U+00A0>需要进行替换删除：

job	lowsalary	highsalary	work-experience	num	workplace	wor cha
ArcGIS工程师	10001	15000<U+00A0>	3-5年	1人	北京	全职
Java开发工程师	10001	15000<U+00A0>	1-3年	1人	北京	全职
C#<U+00A0>winform(外派同方威视)	10001	15000<U+00A0>	3-5年	2人	北京	全职
.NET工程师	8001	10000<U+00A0>	1-3年	3人	北京	全职
C研发工程师	10001	15000<U+00A0>	1-3年	5人	北京	全职
JAVA工程师(互联网金融)	10001	15000<U+00A0>	1-3年	5人	北京	全职
JAVA高级工程师	15000	25000<U+00A0>	3-5年	6人	北京	全职

图 3-7 预处理数据

>install.packages("stringr")

>library(stringr)

>job$highsalary<-str_replace_all(job$highsalary,"\\u00a0","")

>job$lowsalary<-str_replace_all(job$lowsalary,"\\u00a0","")

>sum(job$lowsalary=='面议')

>sum(job$highsalary=='面议')

发现数据最低薪水和最高薪水有很多面议，由于数据多达 17000 多条，所以选择删去这些没意义的行：

>job$lowsalary<-as.character(job$lowsalary)

>job<-job[job$lowsalary!="面议",]

>job$highsalary<-as.character(job$highsalary)

>job<-job[job$highsalary!="面议",]

之后进行检验：

>sum(job$lowsalary=='面议')

>sum(job$highsalary=='面议')

将最低薪水和最高薪水转化为整型方便聚类算法使用：

>job$lowsalary<-as.numeric(job$lowsalary)

>job$highsalary<-as.numeric(job$highsalary)

#求得最高和最低的均值进行聚类计算

>job$salary_m<-(job$lowsalary+job$highsalary)/2

（5）对 workplace 属性进行处理

由于 workplace 工作地点有如上海-徐汇区的，用 split 分割为两个取上海赋值给 job$workplace：

>workplaceSplit<-str_split_fixed(job$workplace,"-",n=2)

>job$workplace<-workplaceSplit[,1]

>table(job$workplace)%>%as.data.frame()

1 北京 4182

2 成都 1332

3 广州 1276

4 杭州 537

5 南京 1485

6 上海 2955

7 深圳 1842

8 武汉 1642

9 西安 1384

10 重庆 625

接下来将其改为数值型，方便之后应用聚类算法：

>job$workplace[job$workplace=="北京"]<-"1"

>job$workplace[job$workplace=="成都"]<-"2"

>job$workplace[job$workplace=="杭州"]<-"3"

>job$workplace[job$workplace=="南京"]<-"4"

>job$workplace[job$workplace=="上海"]<-"5"

>job$workplace[job$workplace=="深圳"]<-"6"

>job$workplace[job$workplace=="武汉"]<-"7"

>job$workplace[job$workplace=="西安"]<-"8"

>job$workplace[job$workplace=="重庆"]<-"9"

>job$workplace[job$workplace=="广州"]<-"10"

>table(job$workplace)%>%as.data.frame()

Var1 Freq

1 1 4182

2 10 1276

3 2 1332

4 3 537

5 4 1485

6 5 2955

7 6 1842

8 7 1642

9 8 1384

10 9 625

（6）对招聘人数 num 属性进行处理

对于招聘人数数据处理，因为数据中有"若干"字段，这个对我们建模没有很大帮助，所以选择删去：

>job$num<-as.character(job$num)

>job<-job[job$num!="若干",]

去掉"人"，从而转换为数值型：

>job$num<-str_replace_all(job$num,"人","")

>job$num<-as.numeric(job$num)

>table(job$num)%>%as.data.frame()

Var1 Freq

1 1 3087

2 2 1721

3 3 1689

（7）对工作性质属性进行处理，数值化

>job$workcharacter<-as.character(job$workcharacte)

```
>job$workcharacter[job$workcharacter=="兼职"]<-"1"
>job$workcharacter[job$workcharacter=="全职"]<-"2"
>job$workcharacter[job$workcharacter=="实习"]<-"3"
>job$workcharacter[job$workcharacter=="校园"]<-"4"
>job$workcharacter<-as.numeric(job$workcharacter)
>table(job$workcharacter)%>%as.data.frame()
```

Var1 Freq

1 1 36

2 2 16829

3 3 264

4 4 98

（8）对学历要求education属性进行处理，数值化

```
>job$education<-as.character(job$education)
>job$education[job$education=="本科"]<-"1"
>job$education[job$education=="博士"]<-"2"
>job$education[job$education=="不限"]<-"3"
>job$education[job$education=="大专"]<-"4"
>job$education[job$education=="高中"]<-"5"
>job$education[job$education=="硕士"]<-"6"
>job$education[job$education=="中技"]<-"7"
>job$education[job$education=="中专"]<-"8"
>job$education<-as.numeric(job$education)
>table(job$education)%>%as.data.frame()
```

Var1 Freq

1 1 3959

2 2 1

3 3 3751

4 4 8562

5 5 223

6 6 84

7 7 39

8 8 606

（9）对工作经验进行数值化

\>job\$num<-as.character(job\$num)

\>job\$experience<-str_replace_all(job\$experience,"不限","0")

\>job\$experience<-str_replace_all(job\$experience,"无经验","0")

\>job\$experience<-str_replace_all(job\$experience,"0","0-0 年")

\>job\$experience<-str_replace_all(job\$experience,"1 年以下","0-1 年")

\>job\$experience<-str_replace_all(job\$experience,"5-7 年","5-10 年")

\>job\$experience<-str_replace_all(job\$experience,"5-10-0 年","5-10 年")

\>table(job\$experience)%>%as.data.frame()

Var1 Freq

1 0-0 年 11613

2 0-1 年 436

3 1-3 年 3266

4 2-6 年 1

5 3-5 年 1742

6 5-10 年 167

进行分割得到上下限：

\>experienceSplit<-str_split_fixed(job\$experience,"-",n=2)

\>experienceSplit[,2]<-str_replace_all(experienceSplit[,2],"年","")

\>job\$exp_min<-experienceSplit[,1]

\>job\$exp_max<-experienceSplit[,2]

\>job\$exp_min<-as.numeric(job\$exp_min)

\>job\$exp_max<-as.numeric(job\$exp_max)

(10) 最后得到的数据为：

\>str(job) 'data.frame':   17225 obs. of 13 variables:

$job:Factor w/11271 levels"","--初级软件工程师4K起5险1金+内部培养",..:1055 3082 1244 212 1676 2833 2779 9729 2343 1693...

$lowsalary:num 10001 10001 10001 8001 10001...

$highsalary:num 15000 15000 15000 10000 15000 15000 25000 8000 15000 8000...

$experience:chr"3-5 年""1-3 年""3-5 年""1-3 年"...

$num:num 1 1 2 3 5 5 6 8 3 2...

$workplace:num 1 1 1 1 1 1 1 1 1...

$workcharacter:num 2 2 2 2 2 2 2 2 2...

$education:num 1 4 1 1 4 4 1 4 1 4...

$companysize:Factor w/6 levels "100-499 人","1000-9999 人",..:4 4 4 6 6 6 1 1 1 6...

$companycharacter:num 6 4 1 1 4 4 4 4 1 6...

$exp_min:num 3 1 3 1 1 1 3 0 3 0...

$exp_max:num 5 3 5 3 3 3 3 5 0 5 0..

	job	lowsalary	highsalary	experience	num	workplace	work
1	ArcGIS工程师	10001	15000	3-5年	1	1	
2	Java开发工程师	10001	15000	1-3年	1	1	
3	C#<U+00A0>winform(外派同方威视)	10001	15000	3-5年	2	1	
4	.NET工程师	8001	10000	1-3年	3	1	
5	C研发工程师	10001	15000	1-3年	5	1	
6	JAVA工程师(互联网金融)	10001	15000	1-3年	5	1	
7	JAVA高级工程师	15000	25000	3-5年	6	1	

图 3-8 处理完成的数据

3.6.2 案例二：银行客户精准营销案例

采用数据挖掘技术，分析某银行客户属性，预测客户是（yes）否（no）会购买定期存款（y），决策属性有客户自身的信息，由于银行的直接营销活动的是以电话为基础的，所以银行机构的客服人员至少需要联系一次客户来得知客户是否将认购银行的定期存款，所有决策属性中还有客服人员与客户联系的信息以及其他属性。通过这些属性完成分类的预测任务，来帮助银行更有效、更精准的直接营销。

1. **数据理解**

（1）读入数据

从 UCI Machine Learning Repository: Data Sets（网址：http://archive.ics.uci.edu/ml/datasets.html）下载了 bankmarketing 共 4521 条数据，17 个属性。

这是一个只有一列但包含 17 个属性的 CSV 格式的数据，使用 read.csv()函数读入数据，以分号分隔。

（2）属性说明

表 3-5 属性说明

序号	属性	说明
1	age	年龄（数字）
2	job	工作（工作类型）
3	marital	婚姻状况（绝对："已婚"，"离婚"，"单身"；注："离婚"是指离婚或丧偶）
4	education	教育水平（分类："未知"，"中学"，"小学"，"大专"）
5	default	默认是否有信用（二进制："是"，"否"）
6	balance	平均每年余额（欧元）（数字）
7	housing	是否有住房贷款（二进制："是"，"否"）
8	loan	是否有个人贷款（二进制："是"，"否"）
9	contact	联系人通信类型（分类："未知"，"电话"，"手机"）
10	day	每个月的最后一个联系日（数字）
11	month	每年的最后一个联系月份
12	duration	上次联系持续时间，以秒为单位（数字）
13	campaign	在此广告系列和此客户中执行的联系数量（数字，包含最后一次联系）
14	pdays	客户最近一次与之前活动联系后经过的天数（数字，-1 表示之前未联系过客户）
15	previous	此广告系列和此客户端之前执行的联系数量（数字）
16	poutcome	以前的营销活动的结果（分类："未知"，"其他"，"失败"，"成功"）
17	y	客户是否订购了定期存款（二进制："是"，"否"）

2. **数据预处理**

（1）处理缺失值

一共 17 个属性，4521 条数据。使用 is.na(数据名)查看数据中的缺失值，由于数据量庞大不方便，所以使用 sum(is.na(数据名))统计缺失值的个数，结

果为 0. 说明此数据中没有缺失值

（2）筛选数据

选取前 16 个属性作为分类属性，第 17 个属性为预测属性。对每一个分类属性的规范性以及合理性进行检查，并筛选出符合条件的记录。

- 筛选连续型变量

对于连续性变量绘制箱线图，找出离群点并做删除。

在 16 个属性中，连续性变量有 age，balance，day，duration，campaign，pdays，previous，对每个属性绘制箱线图查看离群点的分布。使用 summary（数据名$列名）函数可以获取描述性统计量，可以提供数值型变量的最小值、最大值、四分位数、中位数和的值。

结合公式：

$$\text{min}=下四分位数-1.5×IQR \tag{1}$$

$$\text{max}=上四分位数+1.5×IQR \tag{2}$$

其中：IQR 表示四分位距，即上四分位数与下四分位数的差值。

检查以下属性是否存在离群点：

1）age 年龄，删除年纪大于 73 的记录，如图 3-9：

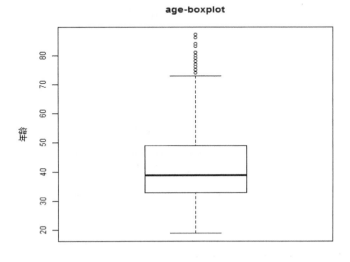

图 3-9 删除年龄离群点

2）balance 平均每年余额（欧元），删除月大于 3509.75 和小于-200.25 的记录，如图 3-10。

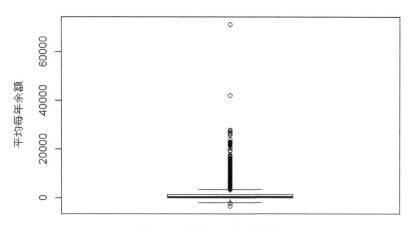

图 3-10 删除年余额离群点

3）duration 上次联系持续时间，以秒为单位，删除上次联系时间大于 552 秒的记录。

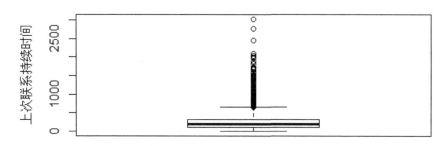

图 3-11 删除联系时间大于 552 秒的离群点

4）campaign 在此广告系列和此客户中执行的联系数量（数字，包含最后一次联系），删除联系数量大于 5 的记录。

5）pdays 客户最近一次与之前活动联系后经过的天数，pdays 属性中有

2500条左右值为-1，剩余越500条是不为-1，处于1～871之间的一些值。这列数据的中位数，上四分位数，下四分位数均为-1，如果删除离群点，这个属性全为相同的值，就没有意义了。

6) previous 此广告系列和此客户端之前执行的联系数量，previous属性中有2500条左右值为0，剩余约500条是不为0，处于1～24之间的值，此列属性的上四分位数，下四分位数和中位数都是0，所以也不做删除。

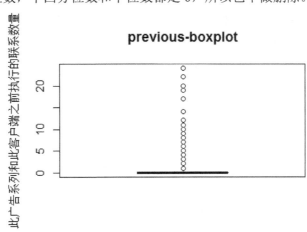

图3-12 从联系数量角度分析删除离群点

● 筛选因子型变量

对于因子型的变量，存在一些值为unknown的因子，使用summary（数据名$列名）可以对因子型变量进行频数统计，对于数量较少的做删除，数量庞大删除可能会影响分类结果的保留。

因子型的变量中存在值为"unknown"的有以下属性：

1) job 工作类型，unknown值较少，进行删除。

2) education 教育水平，unknown值较少，进行删除。

3) contact 联系人通信类型，unknown值有1000多条，为了避免影响结果，所以不做删除。

4) poutcome 以前的营销活动的结果，unknown值有2500多条，为了避免影响结果，所以不做删除。

不存在"unknown"值得因子变量有以下属性：

1）marital 婚姻状况，三个取值，无异常值。

2）default ，二元变量，无异常值

3）housing 是否有住房贷款，二元变量，无异常值

4）loan 是否有个人贷款，二元变量，无异常值

5）month 每年的最后一个联系月份，十二个月份，无异常值。

3.6.3 案例三：客户分类案例

根据该地区积累下来的关于客户申请重点托儿所的海量真实数据，采用数据挖掘中的决策树模型，分析影响客户申请托儿所成功的各项指标的内部关联程度，其次挖掘出影响机构做出决策的重点指标，最终构造出评价客户申请托儿所的一些规则，从而实现托儿所机构对于新申请托儿所客户的自动评价，极大地提高了工作效率。

1. 数据说明

表 3-6 数据属性说明表

属性名称	属性类型	属性值	属性解释
parents	factor	usual, pretentious, great_pret	父母的职业类型
has_nurs	factor	proper, less_proper, improper, critical, very_crt	子女所上的幼儿园
form	factor	complete, completed, incomplete, foster	家庭形式
children	factor	1, 2, 3, more	孩子数量
housing	factor	convenient, less_conv, critical	住房条件
finance	factor	convenient, inconv	家庭财务状况
social	factor	non_prob, slightly_prob, problematic	社会条件
health	factor	recommended, priority, not_recom	家庭健康状况
result	factor	not_recom, recommend, very_recom, priority, spec_prior	是否选择上托儿所

在实验过程中，把上述的自变量 parents、has_nurs、form、children、housing、finance、social、health 分别命名为 V1、V2、V3、V4、V5、V6、V7、V8，把因变量 result 命名为 V9。

在 V9 属性中包括 5 个等级：not_recom 代表不建议、recommend 代表建议、very_recom 代表非常建议、priority 代表优先、spec_prior 代表超级优先。

2. 数据预处理

（1）导入本实验所需数据 nusery.csv；

（2）查看 9 个变量的数据类型，Python 语言处理，根据结果可知为因子（factor）类型，python 指令为：str(data).

（3）查看有缺失值的行数；nrow(data[!complete.cases(data)])

显示含有缺失值的具体位置，python 指令为 which(is.na(data))；

使用 mice 包中的 pattern 函数做具体展示；

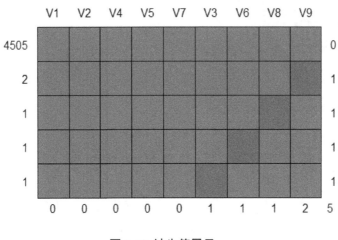

图 3-13 缺失值展示

删除含有缺失值的行数，并把数据集赋予给 data1，python 指令为 data1=na.omit(data), which(is.na(data1))

（4）查看每一个因子属性所含类型个数：

summary.factor(data1$V1)

summary.factor(data1$V2)

summary.factor(data1$V3)

summary.factor(data1$V4)

summary.factor(data1$V5)

summary.factor(data1$V6)

summary.factor(data1$V7)

summary.factor(data1$V8)

summary.factor(data1$V9)

结果汇总：

```
> summary.factor(data1$v1)
pretentious      usual
        189       4316
> summary.factor(data1$v2)
   critical    improper less_proper      proper   very_crit
        864         864         864        1049         864
> summary.factor(data1$v3)
  complete  completed     foster  incomplete
      1267       1078       1080        1080
> summary.factor(data1$v4)
   1    2    3 more
1133 1131 1134 1107
> summary.factor(data1$v5)
convenient    critical   less_conv
      1511        1494        1500
> summary.factor(data1$v6)
convenient     inconv
      2258       2247
> summary.factor(data1$v7)
  nonprob problematic slightly_prob
     1502        1502          1501
> summary.factor(data1$v8)
not_recom    priority    re recommended
     1500        1503     0         1502
> summary.factor(data1$v9)
not_recom  priority recommend spec_prior very_recom
     1500      2025         2        758        220
```

图 3-14 因子属性所含类型个数

从上述可以看出，V1、V6 属性有 2 类、V5、V7 属性有 3 类，V3、V4、V8 属性有 3 类，V2 和 V9 有五类，仔细观察发现 V9 的属性值 recommend 出现次数为 2 次，出现次数频率太低，故不能够挖掘出有效规则，作为异常值删除；

特别对 V9 属性的不同值的个数做下图形化展示：

counts<-table(data2$V9)

pct<-round(counts/sum(counts)*100)

pct

label=paste(c("not_recom","priority","recommend","spec_prior","very_recom")," ",pct,"%",sep="")

pie(counts, labels=label, main="V9", col=rainbow(length(counts)))

第 3 章 数据预处理

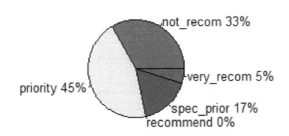

图 3-15 V9 属性的不同值的个数可视化

由于各自变量和因变量都为因子类型，故通过卡方检验来确定两个分类变量是否有明显的相关性，通常认为 p_value 值小于 0.05 认为两个分类变量具有相关性，如果该值为正数，则为正相关，该值为负数，则为负相关。

查看各自变量属性之间的相关性，八个变量共 28 中情况：

例如 V1 和 V2 属性之间的相关性分析，python 指令为：a=table(data2$v1, data2$v2), chisq.test(a)。

```
> a =table(data2$V1,data2$V2)
> chisq.test(a)

        Pearson's Chi-squared test

data:  a
X-squared = 651.19, df = 4, p-value < 2.2e-16
```

图 3-16 运行结果截图

由于 p_value 值为 2.2e-16，小于 0.05，且为正值，故两者具有正相关性。

表 3-7 各属性之间的相关性

属性	p-value 值	是否具有相关性
V1-V2	<2.2e-16	正相关
V1-V3	<2.2e-16	正相关
V1-V4	0.01028	不相关
V1-V5	0.2867	不相关
V1-V6	0.5711	不相关
V1-V7	1	不相关
V1-V8	NA	不相关

（续表）

属性	p-value 值	是否具有相关性
V2-V3	2.727e-10	正相关
V2-V4	0.9999	不相关
V2-V5	1	不相关
V2-V6	0.9996	不相关
V2-V7	1	不相关
V2-V8	NA	不相关
V3-V4	0.9989	不相关
V3-V5	0.9998	不相关
V3-V6	0.999	不相关
V3-V7	1	不相关
V3-V8	NA	不相关
V4-V5	0.9991	不相关
V4-V6	0.9951	不相关
V4-V7	1	不相关
V4-V8	NA	不相关
V5-V6	0.9756	不相关
V5-V7	1	不相关
V5-V8	NA	不相关
V6-V7	0.998	不相关
V6-V8	NA	不相关
V7-V8	NA	不相关

从上述表格可以得出，V1-V2，V1-V3，V2-V3属性间具有正相关性，其他均无相关性，说明该数据集是有利于挖掘出潜在未知的规律。

3.7 本章小结

现实中的数据是错综复杂的，不可避免的会存在数据噪声、数据的缺失、数据的冗余、数据的不确定以及数据不一致等问题，这些问题的数据会成为知识发现和挖掘的一大障碍。它们会直接影响到数据挖掘和数据分析的结果，使得结果的不正确和不完整，甚至挖掘不成功等问题。因此，要想成功地从获取的数据中挖掘出我们想要的有用的信息，就需要在进行数据挖掘之前，进行充分的数据预处理工作。数据预处理工作往往会占用整个数据挖掘工作的60%～80%时间，如果数据预处理工作不进行或者做的不够好，那么在数据挖掘阶段将会花费更大量的时间去找寻所要知识，而且这样做即使得到了信息，往往也都是无效或者不被人们所理解的知识，甚至得不到信息。因此，数据预处理工作是整个数据挖掘工作不可或缺的一部分，尤其是现在大数据时代，往往得到的数据都是多来源，并且数据的结构都不一致，更应该做好数据预处理之后再进行数据挖掘，往往能达到事半功倍的效果。

数据的质量直接影响着数据挖掘的效率和准确率，因此数据预处理作为数据挖掘的第一站是至关重要的。事实上，许多数据挖掘任务的大部分工作都集中在预处理这一部分。数据预处理能够使得原始的残缺的数据变得完整，错误的数据进行纠正，多余的冗余数据进行去除，这样将真正所需的数据挑选出来并进行数据集成，并且将数据格式转换成所需数据格式，从而达到数据类型相同化、数据格式一致化、数据信息精练化和数据存储集中化的效果。经过预处理之后，不仅可以得到挖掘系统所要求的数据集，使数据挖掘成为可能，而且，还可以尽量地减少挖掘系统所付出的代价和提高挖掘出的知识的有效性与易懂性。

综上所述，本章主要就对原始数据即多源异构数据的特点进行了分析，介绍了数据预处理的几种常用方法，并针对数据清洗问题和降维问题进行详细的展开介绍，最后对数据预处理的性能问题进行了分析，为后续的数据挖掘奠定了基础。

第4章 用户特征指标设计

4.1 用户画像问题概述

4.1.1 用户画像的概念

用户画像（personas）的概念最早由交互设计之父 Alan Cooper 提出，其实质是建立在真实用户之上的虚拟代表，是真实用户在更高层面的抽象。用户画像的基础是与用户相关的数据，是建立在多种来源、多种维度的真实数据的基础之上，通过合理的融合、建模，对目标用户构建的模型。用户数据来源的渠道以及数据的种类可以是多种多样的，由每种类型中抽取出用户的典型特征并加以融合，就构成了人物原型，也就是我们所说的用户画像。

4.1.2 用户画像的作用

用户画像的本质是根据用户的社会属性、生活习惯等信息进行合理的抽取、融合而建立的用户模型。该用户模型是对用户本身的精确刻画，其作用范围还在不断地扩大和探索之中，截至目前大致包括以下几个方面：

1. 精准营销。商家可以根据用户画像，推断特定用户或用户群体是否是某商品和服务的潜在客户，并对这部分潜在客户进行精准营销。如向这些用户推送短信或者电子邮件等。

2. 数据统计与挖掘。适用于科学研究或者商业应用领域的社会调查，针对某一特定目标，分析对应人群的分布和特点。如针对"受教育程度对中国青年男女初婚年龄的影响"进行分析，统计不同初婚年龄人群的受教育程度，进而挖掘和分析其中的某些联系。

3. 产品和服务的评估和改进。针对商业领域产品和服务的受众群体，分析这些受众群体的年龄、职业、收入水平、兴趣爱好等方面的特点，并进行分析，得到用户画像,从而有针对性的对面向这些受众群体的产品和服务进行改进。

目前,京东商城、亚马逊等大型电商平台都已经开始借助用户画像提高自身的服务水平和订单数量。以京东商城为例,目前京东商城依托大数据平台,已经做到了所谓"千人千面",即根据用户的不同需求和喜好,为用户展示个性化的 PC 和移动端页面。这不但提升了京东商城的购物转化率,同时也降低了用户的决策成本,换来了更高的客户黏性。目前,京东商城的移动化个性化推荐的订单转化贡献已经超过 10%。在售后服务方面,京东商城在客户电话接入时,就已经能够对客户的购买记录了如指掌,甚至情绪、心理等也能进行较为准确的推测。在此背后,是京东的大数据平台在起着决定性的作用。

4.2 用户画像与大数据的关系

用户画像的本质是建立在真实用户的真实数据之上的建模。所以数据的维度、数量、信度和效度等都对用户画像最终的效果有直接的影响。因此,广泛、易得、可靠的数据来源对用户画像的影响毋庸置疑。传统的用户画像的数据来源主要来自入户调查和问卷调查。这些方式存在一些问题,直接影响了用户画像的最终结果:

1. 传统的数据收集方式效率较为低下。传统的数据收集方式,如入户调查、问卷调查等需要大量的人力物力,在资金和人员不充足的前提下很难获得可观的数据规模,而过小的数据规模将很难保证用户画像的准确、客观。

2. 传统的数据收集方式存在调查样本的不客观性。如入户调查基本上在工作日的白天进行。而在这一时段,大部分人都在上班,导致入户调查的受众群体多为离退休的老人和时间不固定的自由职业者,最终可能导致用户画像以偏概全。

3. 传统的数据收集方式得到的数据样本存在信度上的不确定性。受传统入户调查面对面谈话的压力或者调查问卷设计的合理性影响,被调查者可能会由于社会道德压力或者自尊心等原因而有意的或者无意的提供不真实的答案。这会给用户画像的建立带来巨大的困难。

4. 此外,在对数据进行处理时,传统的数据处理方法仅仅依赖统计学中的常用方法。在数据越来越多元化，复杂化的今天，传统的处理方法面对这些数据，显得捉襟见肘。

而大数据时代的到来给用户画像问题带来了新的机遇和挑战。随着以手机为代表的便携式电子通信设备和以微博微信为代表的社交媒体的高度普及，给我们带来了全新的数据收集渠道。尽管这些数据还面临用户隐私保护等一系列的社会和道德问题，但我们必须看到，这些数据相比于传统的收据收集方式得到的数据，有着巨大的、无可比拟的优势：

1. 大数据时代的数据收集效率得到了很大提高。大数据时代的数据收集主要是通过网络爬虫等手段对用户的社交媒体、浏览记录等数据进行收集和分析。在运行过程中基本无需人工干预，效率比起传统的入户调查和问卷调查有了很大的提高。

2. 在大数据时代，几乎人人都有智能手机和社交媒体账号。我们从这些地方得到的用户数据，尽管存在着一定的偏颇，但仍然比之前的方式有着更为广泛和客观的覆盖面。

3. 在大数据时代，尽管人们在网络和社交媒体上发声也存在着社会道德和自尊心等的压力，不过这比起面对面交谈的压力还是要小很多。即，在虚拟社会中，人们更加倾向于表露心声。

4. 大数据时代我们能够获得更多维度的数据。在大数据时代，人们广泛使用智能手机进行导航、购物和搜索，这给我们提供了更多维度、更有价值的数据和信息。比如，我们可以根据用户使用手机导航软件的历史记录，来分析和统计用户经常光顾的场所和经常走的路线，从而得到用户的日常消费和生活习惯等信息。这些信息具有比以往传统调查方式获得的信息更广泛的维度，而且具有更高的信度。可以为我们的用户画像奠定良好的基础。

5. 此外，大数据天然地与计算机有着更加紧密的结合。这也就意味着可以使用计算机科学中的各种算法来对数据进行更深层次的分析，并由此得到更有价值的结果。

4.3 用户画像的指标参数

用户画像的本质是建立在用户真实数据之上的建模，根据用户画像的目的不同，用户画像的指标参数可能会有所不同。

4.3.1 按照用户反馈类型分类

用户画像的指标参数有不同的分类方法，按照反馈的类型可以将用户画像的指标参数分为用户显性反馈信息和用户隐形反馈信息。

1. 用户显性反馈信息

所谓用户显性反馈信息主要是指在信息收集过程中需要用户参与或者主动提供的一些信息，这可能包括用户陈述的明确的兴趣、行为以及一些统计信息，如生日，性别，工作等。

对于用户的基本信息，一般是在注册网站或者 App 的用户时进行获取。一部分固定信息，如性别，出生年月等不允许修改。其他如用户的兴趣爱好等，为了缩短用户的输入时间，防止用户因厌倦而放弃注册，通常采取打标签让用户勾选的方式（当然用户也可以自定义标签）。这种方式在简化了用户操作的同时，也给信息的获取带来了一定的局限性。用户的信息往往会随着时间有所变化，但用户通常没有动力更新自己的信息，所以这种方式所获得的信息具有一定的时效性。也就是说，信息会随着时间的推移变得越来越不真实。

2. 用户隐性反馈信息

相对于用户显性行为来说，用户隐性行为一般无需用户主动参与。这主要包括用户在浏览网页时点击的网页链接，停留的时间，浏览的商品，以及用户在使用移动设备时浏览的信息以及 GPS 定位等信息。这些信息通常相比于显性信息涵盖的范围更加广泛，数据量也更大。但同时也包含了更多的噪声数据。比如，用户点击一个链接可能仅仅是因为该链接显示在较为明显的位置，并不表示用户关注这条信息。或者，仅仅是一个误操作。此外，隐性信息的收集还面临一系列的用户隐私保护问题。

4.3.2 按照指标的属性分类

如果按照指标属性分类，用户画像的指标参数一般主要包括客户特征、行为偏好、社会关系、金融资产、消费支付、信用档案等几个大类。这些大类下的具体指标可以多达几百到上千个。为了方便分析，通常情况下会对一些原始数据进行一定的处理，以便分析时能够更方便的得到数据特征。下面对常见的用户指标参数种类做一简单介绍。

1. 客户特征

客户特征主要是指用户作为一个自然人的基本属性。如姓名、性别、身高、出生日期、出生地、现居地等。对于连续型数据，通常在得到原始数据之后会对数据进行离散化操作，以便于分析和挖掘。以身高为例，通常会将身高以5cm为一个区间划分为150～155cm，155～160cm……等，便于统计分析，以此类推。

2. 行为特征

行为特征主要包括用户生活中的各种行为。如经常浏览的网站、经常去的地方等等。这部分信息通常在与商业有关的用户画像中起着重要作用。

具体来说，浏览网站的数据主要包括浏览时间，浏览次数，停留时间，收藏次数，链接来源，用户名，登录时间，IP 地址等。这些信息可以在一定程度上反映用户的上网行为。

用户经常去的地方也就是所谓的用户轨迹数据。这部分数据通常从用户的移动设备导航记录，用户手机 App 的签到和定位记录中获得。这部分数据通常与地图相结合，可以分析得到更多有价值的内容。如用户经常去加油站可能意味着他经常开车出行，用户经常去的餐馆可以得到用户喜欢的口味等等。

对于某些离散性数据，由于数据量过大，使得分析起来就变得困难。对于这些数据，可以采取打标签的方式进行数据的处理，如对于某本图书，可以使用标签"财经""人物传记""当代"等标记进行刻画。这样就可以使用有限的标签去描述数量庞大的书籍，大大简化了分析的数据量。

3. 社会关系

用户社会特征即用户的社会属性，如用户的职业、所在公司、家庭成员、婚姻状况、社交情况等信息。这部分信息通常在金融行业的信用评估，以及一些科学研究（尤其是社会学研究）中较受重视。其中，社交情况的信息在社会关系的分析中占有十分重要的地位。目前，已经有许多关于社交网络分析方面的研究成果，本书不再赘述。

4. 金融资产

用户的金融资产主要包括用户是否持有股票、基金、债券、贵金属，持有量分别是多少，在哪些银行开户等等。使用这些信息，可以对用户的资产状况，投资习惯，风险偏好等方面进行分析。

5. 消费支付

消费支付主要包括用户的消费情况。主要包括用户喜好的品牌、常去的购物场所、经常购买的商品、经常使用何种手段支付等等。从这些信息中，可以对用户的生活水平，消费习惯，品牌偏好等进行分析和挖掘。

6. 信用档案

信用档案主要是指用户的信用情况，如本人是否进行过贷款、还款情况和能力如何、是否发生过逾期等情况。

除金融机构和第三方支付机构以外，金融资产、消费支付和信用档案等信息是难于获得的。因此，如京东等规模较大的电商正在力推自己的理财和第三方支付产品；而对于其他一些规模较小的用户，则可以使用类似阿里巴巴的芝麻信用等第三方征信平台来进行数据获取。

还是以京东商城为例，目前，在基于大数据分析的"用户画像"技术上，借助于所谓"全过程价值链"的优势（即包括用户从浏览、下单、配送、售后等一系列服务），京东将用户数据整合成为 300 多个标签，覆盖了用户的基本属性、购买能力、行为特征、社交特征、心理特征、兴趣偏好等多个方面。借助于这些指标，京东商城为每一位用户建立了精准的用户画像，并进一步进行了差异化的营销投放方式。

4.4 基于属性约简的指标体系优化方法

4.4.1 属性约简对于指标体系优化的意义

属性约简又称为维规约，即通过某种方式，得到原有数据的一个子集，同时这一子集能够最大限度地保留原始数据的特征。假设原有 p 维数据 $X=(X_1, X_2, \cdots, X_p)$，通过某种方式得到其子集 $X'=(X_1', X_2', \cdots, X_k')$，且 $k<p$，就称为属性约简。

用户画像的指标参数多达几百至上千个,从提高用户画像的效率和准确性的角度出发,进行属性约简有如下意义:

1. 这些属性中的一部分可能属于噪声数据,从机器学习的角度来看,去除噪声数据对于提高分类的准确性是有意义的;

2. 大部分数据挖掘算法对于数据的维数是敏感的,数据维数的增加会在很大程度上增加算法的计算量;

3. 某些不相关的或者噪声数据可能会对最终的数据挖掘效果产生负面作用;

4. 过多的属性可能会使样本的均值变得更加接近,也更加难以区分。从而最终降低分类的准确性同时降低算法的执行效率。

综上所述,对用户画像的指标参数进行属性约简是有意义的。

4.4.2 属性约简的一般方法

信息系统中的决策表属性约简问题的解往往不是唯一的。找到所有的约简或者最小约简已经被证明是一个 NP-Hard 问题。

根据是否具有启发性信息,属性约简算法可以被分为两类。一类算法并不利用启发信息来进行属性约简,如盲目删除法。另一类算法利用启发式信息,从核属性开始,基于某些启发式信息,尝试将属性加入约简集,直到满足边界条件。如基于差别矩阵、或基于属性重要度的属性约简算法等。

1. 盲目删除方法

盲目删除属性约简算法对于一个确定的系统 $IS=\{U, C, V, f\}$ 中的每一个属性都进行删除尝试。先选取任意一个属性 a_i,尝试删除该属性,然后判断等式 $U/IND(C-\{a_i\})=U/IND(C)$ 是否成立。如果成立,说明刚刚尝试删除的属性的存在是不必要的。此时,在删除该属性的同时还要将该属性所对应的列完全删除,此时如果出现完全相同的列,则对这些列做合并处理。接下来,对其余的属性做同样的尝试。直到遍历所有属性,算法结束,此时保留的所有属性对于系统来说,都是必要的。需要说明的是,这种方法得到的结果是一个相对约简,而非最优约简。理论上可以在得到所有的相对约减以后再筛选出最优约简。但是,当问题规模扩大以后,这种方法的计算量会迅速上升,可行性降低。

这种方法思路清晰，操作步骤简单，但计算量相对较大，且可能不能得到最简的结果。

2.基于属性重要度的约简算法

属性约简是粗糙集理论的重要研究内容之一。定义 $S=(U, A, V, f)$ 是一个信息系统，U 是对象的非空有限集合，$A=\{a_1, a_2, \cdots, a_n\}$ 是属性的非空有限集合。V 是每个属性值域的集合。$f: U \times A \rightarrow V$ 是一个映射。该属性约简算法首先通过求条件属性 C 中的每个属性对条件属性集 C 的重要性来确定核，其中重要性大于零的属性即为核属性。然后将属性 a 加入属性集中，计算其重要性，并选择重要性最大的属性加入属性集。

该算法基于属性重要度来进行属性约简，算法的时间复杂度可以控制在 $O(n^2)$。在面对海量数据处理时，这种约简方法可以节省存储空间，而且时间复杂度可控。

3.主成分分析

主成分分析是常用的属性约简方法之一，可以用来提出数据的主要特征分量，经常用于高维数据的降维。其基本思想是：在尽可能保留原始数据特征的前提下，将原始数据进行线性变换，将高维空间中的数据映射到低维空间中去，同时要使这些数据在低维空间中尽可能的保留差异性，以便于区分不同的个体。

主成分分析法的一般过程是：

首先，进行数据的预处理，即将各个特征向量作均值归一化处理。

其次，要求一个 $n \times n$ 的协方差矩阵 Σ。其中 n 为特征向量的数量。

$$\sum_{n \times n} = \frac{1}{m} \sum_{i=1}^{m} x^{(i)} (x^{(i)})^T$$

再次，使用奇异值分解（Singular Value Decomposition, SVD）方法求解对应的特征值和特征向量。在 Matlab 中，可以使用函数 $[U, S, V] = svd(A)$。该函数返回一个与 A 同大小的对角矩阵 S（由 Σ 的特征值组成），两个酉矩阵 U 和 V，且满足 $A = U*S*V'$。若 A 为 $m \times n$ 阵，则 U 为 $m \times m$ 阵，V 为 $n \times n$ 阵。奇异值在 S 的对角线上，非负且按降序排列。

最后，要从 U 中选取前 k（k<n）个向量，作为最重要的分量。这样，n 维向量就降低为 k 维向量。

使用主成分分析法进行数据降维的时候要考虑 k 值的选取问题。这时可以根据具体的问题，设置合适的误差阈值，来确定 k 的大小。

4.线性判别式分析

线性判别式分析（Linear Discriminant Analysis，LDA），也成为 Fisher 线性判别（Fisher Linear Discriminant，FLD）。其基本思想是将高维的样本模式投射到低维空间，使得投影后的模式有最大的类间距离和最小的类内距离。即最佳的可分离性是线性判别式分析方法的求解目标。

LDA 的算法步骤为：

首先获取特征向量，并进行去中心化操作；其次计算样本的协方差矩阵并进行奇异值分解；再次计算到投影矩阵的类内离散度矩阵和类间离散度矩阵；进行奇异值分解，寻找最佳投影子空间；将特征向量按照对应的特征值进行降序排列并确定最终投影矩阵；计算投影变换后的特征。

由于 LDA 更多的考虑了所谓"标注"，即保留类别的信息，对于同一个问题，PCA 和 LDA（FLD）给出了两个完全不同的降维结果。

5.人工蜂群算法

人工蜂群算法（ABC）属于群智能算法的一种。在标准的连续性人工蜂群算法中，蜂群由 3 组蜜蜂构成，它们是引领峰、跟随蜂、侦察蜂。三种蜂的分工各不相同：引领蜂负责采蜜并招募其他跟随蜂协同工作。如果采蜜工作已经完成，则引领蜂转变为一只侦察蜂，通过随机搜索探索新的蜜源。当找到新的蜜源后，又转化成为引领蜂。

算法的基本步骤是，在初始化阶段，算法随机生成优化问题的可行解空间中的若干个候选解（即蜜源），其中每个蜜源对应一只引领蜂。引领蜂招募跟随蜂的数量由一个公式决定，其中跟随蜂的数量与蜜源的质量（即适应度的大小）呈正相关关系。

在此后的每一次迭代中，引领蜂在原有蜜源（可行解）附近进行局部随即搜索，如果有更好地蜜源（适应度函数更高）则新蜜源取代原有蜜源。如果经过若干轮搜索仍无法找到更好的蜜源，则引领蜂转变为侦察蜂，同时再在可行解空间中生成一个新的可行解（蜜源）。

重复上述过程，直到最大迭代次数，输出最优解。

4.4.3 指标体系优化方法

指标体系的优化对于用户画像的最终结果有着很大的影响，科学的评价指标体系是进行科学的综合评价的前提。在进行指标体系的设计时，一般是从已有的大量指标中进行筛选。在构造评价体系时，需要综合考虑指标的全面性、科学性、可测性、目的性和有效性。需要说明的是，在某些情况下，过多的指标反而会造成指标之间的重叠和干扰，除了增大计算量以外，还会对指标体系的评价结果造成负面影响。因此，适当的、科学的筛选是必要的。

以大型互联网企业和电商为首，已经开始涉足这一领域。如下，是京东进行用户画像的典型应用。这些指标可以分为结构化的、半结构化的和非结构化的三类。京东业务人员可以利用这些信息，对不同类型的用户提供不同的服务。这也就是京东目前在 App 端逐步推出的所谓"千人千面"技术。

指标体系优化总的来说有两种思路。其一是利用已有的统计学和数据分析、挖掘技术，对指标进行筛选和优化；第二种方式是依靠具有丰富业务经验的专门人员，进行指标的筛选和优化。通常来说，第一种方法无需过多的人工干预，自动化程度高；但单独使用效率过低，且得到的结果缺乏一般意义上的合理解释。而第二种方法主要依赖于相关业务人员的业务经验，对于不同经验的业务员可能预期的结果会有较大的差别。因此，在进行用户特征指标优化的过程中，通常使用的是上述两种方式相结合的方法，即业务经验结合大数据分析的指标体系优化方法。首先通过业务经验丰富的业务员，划定要选取的特征指标和大致的权重系数，然后再使用数据挖掘的方式进行指标范围和权重系数的精细调整。在指标体系的优化过程中，上述先人工、再机器的过程可能会反复执行若干个轮次，直到最终得到最优化或接近最优化的指标体系。如张力军、罗珍等将候选指标分为若干方面，再利用聚类分析的方法把每个指标群分为更小的子类，并从中选出代表性的指标；赵丽萍和徐维军等在求出协方差或相关系数矩阵的特征值、特征向量的基础上，删除近似为零的特征值对应的特征向量中最大分量对应的指标，然后重复上述过程。经过若干轮次，得到最后的指标体系。以上方法均是人工经验和机器学习相结合的方法。目前，这种方法无论是在准确性还是在效率上均有一定优势，已经得到了广泛的应用。

4.4.4 数字图书馆用户指标体系优化实例

胡媛等基于用户画像，对数字图书馆知识社区用户进行了模型构建。大数据环境下，数字图书馆知识社区作为用户获取知识、共享知识的平台，保有大量的数据。基于用户画像进行数字图书馆知识社区模型构建，对数字图书馆用户画像进行建模分析，具有重要意义。

在实践中，根据收集到的数据，将其分为读者基本信息、用户兴趣爱好、用户活跃度三类。然后运用层次分析法，建立用户画像层次结构模型，并建立同层因素间判断矩阵。然后，通过同层个因素的承兑比较矩阵权重乘以上一层次因素指标权重计算各个因素指标的合成权重，最终得到用户画像。服务能力的各个因素的最终权重如表 4-1 所示。

表 4-1 用户画像服务能力

	读者基本信息	用户兴趣爱好	用户活跃度	合成权重
	0.14	0.33	0.53	
性别	0.10			0.01
年龄	0.10			0.01
学历	0.56			0.08
单位	0.25			0.04
搜索关键词		0.05		0.02
下载文献主题		0.10		0.03
订阅内容		0.25		0.08
收藏		0.59		0.19
登录次数			0.05	0.03
浏览时间			0.11	0.06
访问量			0.28	0.15
咨询量			0.56	0.30

从上表可以得到学历、收藏内容和咨询量三项对于用户画像中标签及用户画像服务能力影响较大；单位、订阅内容、下载文献主题、访问量及浏览时间影响相对较小；性别、年龄、搜索关键词和登录次数影响最小。这可以作为数字图书馆社区改进服务质量、提高服务效率的依据。也可以据此为用户提供个性化的服务。

4.5 本章小结

本章对首先对用户画像问题进行了概述,阐述了该问题的概念和用户画像的作用。紧接着分析了用户画像问题和大数据的关系以及二者的结合点。接下来概述了一般意义上的指标参数构成,最后介绍了基于属性约简的指标体系优化方法的思想、方法和一般步骤。

第 5 章　多源异构数据的约简问题

5.1 研究动机

5.1.1 互联网多源异构数据约简的必要性

随着云计算、物联网、移动互联网等新兴信息技术的发展，我们已经进入了一个以互联网数据共享为基础的多元异构数据时代，无处不在的大数据已成为研究的焦点。当今大型企业系统由一个完整的数据中心构建，它由分布在不同位置的数千个服务器组成。如何从分布式异构数据中快速准确地挖掘潜在价值，将大数据转化为经济价值源，已成为企业超越竞争对手的有力武器。分布式数据存储具有容量大、数据量大、流量快、数值密度小的特点，对大数据的处理能力和效率提出了更高的要求。与以往的数据分析不同，大数据分析和处理不再是对准确性和因果关系的考量。面对大量的实时数据，忽略微观层次的准确度，可以更好地理解宏观层次的隐含信息。因此，在大数据时代，发现事物之间的宏观关系是非常新颖和有价值的，而不必密切关注事物之间的因果关系。

互联网上公开或半公开的数据不能完全信任和依赖，但如果可以合理使用，也可以显示其固有的优势。这些优势主要体现在以下 3 个方面：一是互联网信息更新较快，互联网信息相对其他固有个人信息更加真实有效。它可以代表借款人最近的状态，并且更方便地使用技术手段提高对象建模的质量。第二，互联网信息更全面，具有相互的证据特征，可以促进各种类型的对象的信息建模。三是作为社会网络，网络信息与人类日常生活的体现具有包容性和高维性。可以充分利用这些信息来描述用户的个人角色"画像"，而不是给出评分或评级，这对于确定用户的最终模型是非常重要的。

5.1.2 个人多源异构数据建模下的信用数据特征

随着移动互联时代的到来,互联网空间在某种程度上已经成为公民进行经济消费、社交活动、信息获取的主要空间。互联网空间作为公民消费活动和日常行为的另一个表现维度,经过近些年的发展,已经积累了相当规模的公开或半公开数据。针对网络借贷平台强相关数据获取难度大、数据完备性低、信用历史积累少的问题,中小型网络借贷平台需要从互联网大数据获取手段和互联网信息处理方法这两个要点着手,以公民的基本属性信息交叉核验和以网络消费、社交行为为基础的个人品行判别为切入点。充分合理地利用互联网信息,构建一套数据获取难度低、数据计算实时性高、决策方法开销小、评估过程科学可行的网络借贷平台个人信用风险评价数据模型。把握新常态下网络借贷平台的个人信用风险评估的脉络,帮助网络借贷平台进行信用风险的预防。最终完成对个人网络借贷行为的约束和补充现有信用评价数据方案的不足,提高信用评价的有效性。

当前的金融业界普遍认为数据已经成为金融企业的核心资产,越来越多的金融企业和研究机构持续关注数据对金融业的影响,积累和获取用户数据对网络借贷平台的实施信用评价、贷款匹配等方面的应用有着巨大的潜力。利用大数据进行这些工作时的核心是通过数据中隐含的信息找到网络借贷平台所需要的各类风险、欺诈、隐瞒、预警等有价值的信息,通过这些有价值的信息来自动地完成工作。在个人信用评估方面,通过对大数据的充分利用,可以对个人不同维度的数据进行信息的整理与真实程度检验,从个人消费活跃能力、信用履约能力、历史还款能力、资金充盈能力等各个方面进行统计和分析,形成具有代表性和准确性的数据报告,最终能够证明或诊断一个人的信用。在中小型网络借贷平台的信用评估实施过程中,不断地进行数据挖掘,发现有效的数据信息,充分利用大数据技术对数据进行清洗、整合分析,最终能够促进整个金融信用体系蓬勃发展,使得互联网大数据的优势得以充分发挥。可见,数据已经成为金融信用评估的基础和核心。

在个人信用评估中,为了对决策对象进行合理的评价,通常需要获取被评估对象的强相关数据。对于商业银行来说,一般通过央行提供统一的信用平台进行查询并确定用户信用,典型的强相关数据为用户的资产情况、用户的历史违约情况等。但对于中小型网络借贷平台来说，与央行系统进行对接具有较大的行政阻力和经济压力，普遍面临强相关数据获取难度大、数据积累少、数据完备性低的困难。即使能够在线通过用户提交的方式获得部分数据，也属于弱相关数据，通常只能利用这些数据进行辅助评估。如何在有限时间内尽可能有效地获得用户的各类佐证数据并在这些数据的支持下尽可能准确地识别用户可能的信用风险成为了一个非常现实的问题。此外，相对于商业银行，客户使用网络借贷平台一般都期望能够在尽可能短的时间内获得贷款，这对于网络贷款平台进行信用评估和审核的实时性也提出了较高要求，如何较快地完成用户公开或半公开的弱相关数据的提取和处理是中小型网络借贷平台进行个人信用评估另一个问题。

对于前面提到的数据问题，总结几种典型的中小型网络借贷平台的数据获取方式，除使用用户提交的基本数据之外，目前主要的数据获取途径还有以下四种：

（1）直接委托信用服务提供商进行信用的评估和查询

随着金融市场的开放及金融机构信息化、网络化的程度加深，市场上已经有一些大型的信用服务提供商，这些信用服务提供商能够提供信用评估、数据查询、信用报告生成等"一站式"服务，同时收取一定的费用。这种方式的优点是信用服务完全外包，缺点在于信用评价过程集成度过高，类似于"黑盒"，对于具体的网络借贷平台来说没有针对性和自主性。

（2）与第三方机构进行充分协商获取数据

在当前的互联网大数据时代，用户在网络上的各种行为数据被大量分散的第三方机构所记录。中小型网络借贷平台可以向一些较大的电商、融资平台、商业银行、电信运营商等第三方机构购买或查询用户的相关数据。这种方式的优点是所获得的数据一般为强相关数据，缺点在于获取这类数据往往需要支付一定的费用，且受第三方相关规定的约束较大，部分核心数据由于某些行政或隐私保护的原因不易获取。

（3）以平台间合作的形式共享数据

中小型网络借贷平台在竞争中的主要缺点在于其规模较小，很难形成规模性的数据积累，针对这种情况，中小型网络借贷平台可以考虑与其他类似情况的借贷平台寻求合作,共享数据。合作的平台越多,数据的规模就越大,数据的可用性就越高。这种共享数据的方式不会对平台造成大的经济压力,但需要平台间进行有效的协商,互利共赢。

(4)以技术手段在互联网上获取公开数据

通过网络爬虫等技术手段,根据用户提供的个人信息,如姓名、电话号码、微博账号、网络购物账号、社交媒体账号等进行其网络公开数据的获取。这种方法一般能够获得大量弱相关数据,这些数据并不能够"一定的"完成信用评估工作,大多数时候起到辅助评估的作用,平台可以从这些弱相关数据中尽可能多地获得一些有用的信息。

对于信用审核的实时化需求,中小型网络借贷平台需要充分利用互联网的优势,除了利用强相关数据之外还要积极考虑社交信息、消费信息等弱相关数据,采用多种多样的信用评估的手段形成对用户的综合评价。同时,从技术角度来讲,中小型网络借贷平台也要争取自建用户数据库,通过人工智能或数据挖掘的方法对不完备数据自动地进行挖掘和决策,动态地、实时地对用户数据进行计算,完成信用评估。

个人信用评价以信用数据为基础,对于一些官方建模机构来说,主要收集以下两方面的信息:一是个人身份信息,包含了个人的一些基本属性,如性别、年龄、月收入、婚姻状况、学历、职业等,这些信息描述了一个人的基本属性。二是个人信贷信息,主要包括持有银行卡状况、信贷历史等,以此来了解个人的历史违约情况。对于中小型网络借贷平台来说,获取完备的上述信息显然是不切实际的,即使能够获得这些信息,那么查验其真实性也需要较长时间和较大精力。因此,作为以依托互联网为基础的网络借贷平台,充分利用互联网上能够获得的透明或半透明数据信息进行个人信用评价显然是一种可以考虑的方法。这样除了利用户提交的个人基本信息和各类证明外,还可以依靠互联网信息进行交叉核验以及用户行为倾向的挖掘。这些数据包括社交媒体数据、交通旅行数据、个人消费数据、移动通讯数据等。

从中小型网络借贷平台的数据获取途径和所能获取的数据类型来看,我们可以依据这些数据特征从个人品质、消费特征、资产状况三个方面对其还款能力和意愿进行评估,构建决策表,以此来实时地确定风险程度,这三个方面的具体内容和判别方法如下：

1. 个人品质判别

客户的个人品质指的是客户的道德品质和个人素养。它能直接反映客户的还款意愿。它可以作为衡量客户信用水平的主要指标。个人信用质量评价是对顾客的还款回报和诚信的全面描述，是一种道德衡量指标。由于个人品质直接决定了应收账款回收的速度和数量。因此，用户个人品质是信用评估中最重要的因素。个人品质是用户信用评估中最重要的判别项，其判别主要依赖于以下几个数据源：

(1) 用户填写的信息

由客户填写的信息主要包括身份证、学历、婚姻状况、户口所在地、个人联系方式、亲属联系方式等。对于用户填写的基本信息，除了按照传统方法给予信用评分外，还应额外进行实时验证处理，这主要依赖于各项信息的联动检验。如检查出客户填写的信息无法匹配，则直接否决。

(2) 社交媒体信息

由客户提供社交媒体账号，如微博、微信、论坛、博客等，通过爬取用户的社交媒体信息进行语义分析，一方面获得用户的社交行为特征，以此判别用户的行为秉性，从侧面评价用户的个人品质。另一方面获得用户的人际关系特征，判别用户潜在的违约风险。

(3) 网络消费行为

由客户提供电商平台账号，通过爬取用户的网络交易和消费数据辨别用户的消费习惯和消费特征，以此与用户的还款意愿进行关联，做出综合评价。

(4) 电话通信数据

通过客户提供的电话号码，获取运营商数据，判别该号码的所有人、活跃度、欠费违约记录等相关数据，对用户的个人品质进行评价。

2. 消费能力判别

指客户的长期消费力，即客户进行各类消费的数量、质量以及历史负债情况。这些信息以用户的支付记录、银行卡流水、其他平台贷款状况等信息作为参考数据，其中网络记录可以包含网上银行、网络游戏、互联网理财、旅行预订、网络购物、团购、网上支付等各类数据。通过这些消费数据的联动来进行更深层次的分析,甚至通过客户的消费记录变化判别其经济状况变化。

3. 资产状况判别

对于用户资产状况的判别主要基于传统的证明类数据,即要求用户提供收入证明、银行流水、资产证明等强相关信息,以此了解客户支付各类消费的能力和当前财物水平,这可以确定客户在偿还债务时可以使用或以来的经济基础。确定在当违约发生时,客户可以通过抵押来偿还其债务的资产,这对于第一次进行交易或者曾经发生信用问题的客户来说非常重要。

根据上述分析,按照判别项、数据来源、信用评估说明三个分栏构建中小型网络借贷平台信用评估数据来源与判别表,如表 5-1 所示。

表 5-1 中小型网络借贷平台个人信用评估数据来源与判别表

判别项	数据来源	信用评估说明
个人品质	用户填写信息	利用数据间的互相印证进行真实性判别
	社交媒体信息	检查用户的活跃度及负面社交信息的类型
	电商平台信息	评估用户消费习惯与消费特征
	电话通信信息	评估用户的社交活跃度与电信违约情况
消费能力	电商平台信息	评估用户的消费持续性和消费能力
	支付平台信息	网上支付的范围、数量
	银行流水信息	评估用户的消费状况
	其他借贷信息	评估用户的负债情况
资产状况	个人收入信息	个人经济的可持续性
	银行流水信息	消费能力及资金使用情况
	拥有资产信息	抵押还款能力

基于以上数据来源和判别项,可构建中小型网络借贷平台个人信用评估数据采集与评估模型。中小型网络借贷平台的数据来源可通过委托、购买、共享、爬取等方式尽可能多的以用户的基本个人数据为基础进行扩展,获得其各类消费数据、移动通讯数据、交通旅行数据、社交媒体数据等。由于数据来源不同,他们的结构也是不同的,此时需要进行数据的预处理和整合,存入到平台自建的数据库中。最终整合的数据可以进行两方面的计算和挖掘,一是交叉检查用户提交的固定数据,如用户提供的电话号码是否真实,是否是常用的公开号码,年龄、婚姻状况是否提供相关的其它网络数据作为证明,二是挖掘客户的个人

行为和个性特征。这些都需要通过利用大量的互联网数据来实现，最终确定用户的行为倾向和消费特征。在上述基础之上，可通过对被评估对象常规属性和行为品质的判别完成对其的"画像"。这个"画像"不仅限于一个评分或一系列评估值，还应包括对用户性格、行为、意图、倾向、喜好、规律的描述，完成一个基于互联网数据的高维度的用户信用评价，最终应用到中小型网络贷款平台个人信用评估中。

作为互联网+概念的典型代表，互联网金融在中国发展迅速。互联网借贷是互联网金融的典范。网上贷款平台最大限度地提高了互联网的及时性，扩大了可贷人群的规模和数量，充分满足了商业银行忽视的个人小额信贷需求。由于这种新型贷款模式的门槛和时间敏感优势相对较低，在过去两年中，在线贷款平台的数量和规模在个人小额贷款领域出现"井喷"。快速发展也带来了很多问题，其中最典型的是信用违约造成的系统性风险和社会问题。

互联网的蓬勃发展催生了互联网贷款的盛行。互联网大数据的出现促进了整个经济的转型。充分合理利用互联网信息对于评估个人网络贷款信用甚至建立互联网行为标准具有重要意义。一方面，利用互联网信息作为信用评估的补充，可以减少不良贷款的发生，从而提高中小型网络贷款平台的风险抵御能力，最终促进中小型网络贷款平台的持续健康发展。另一方面，它还可以促进互联网消费，社交和搜索数据反映新的价值，巧妙地挖掘每个公民的在线行为能够促使他们规范其在互联网领域的行为。另外，充分利用互联网信息还可以在一定程度上减少由于信用不良造成的社会问题的数量。

公民个人信用评估在许多领域，特别是金融领域具有很大的应用价值。从网上贷款的角度来看，借款人信贷的审查和评估是整个贷款过程的核心。商业银行通常根据借款人的还款能力和历史信用记录进行信用评估。虽然这种方法简单有效，但以互联网平台为主要业务模式的中小型网络借贷平台的个人信用评级难以评估。主要原因是互联网借贷业务完全基于互联网，更注重贷款的效率和实时性，大多数在线贷款平台的规模也比较小，往往数据采集不完整以及对用户还款能力的审查薄弱。从数据采集的角度来看，网上贷款平台往往难以获得大量借款人相对于商业银行的强有力的信用数据，并且一般都面临数据量小、累积量少、不完整的情况。另外，通过互联网平台借款的借款人往往希望能够在最短的时间内获得贷款,这也对网上贷款平台信用评估和审核的及时性提出了更高的要求。

5.1.3 企业多源异构数据建模下的信用数据特征

在大数据时代,移动互联网的数据共享和获取正在经历着根本性的变革,尤其是基于技术的变革。根据企业特点,中小企业主要是科技含量高、员工数量少的中小企业。这些企业以人才为主要资产,利用高新技术产生价值进行营利,注重创新。从数据收集和运用的角度上说,这些企业的信息收集往往是具有较多困难的,主要是由于企业规模很小,各种系统不健全,大多数科技型中小企业在互联网上运行以及进行产品推广。因此,将这些企业的互联网相关数据作为企业的建模数据是一个合理的解决方案。由于基于大数据技术的中小企业建模问题是一个模糊的、多角度的复杂问题,直接从互联网上收集的相关企业用户建模数据可能是不完整的、不统一的和不可信赖的。如果直接使用这些数据,可能会导致无效或错误的结果。因此,基于 Internet 技术的中小企业建模数据收集不能简单地进行数据的加法收集,有必要对 Internet 数据进行清洗和预处理。在 Internet 数据预处理中,应充分考虑数据的空间复杂度和维数。它广泛应用于多角度、全方位、多源异构数据领域,以及企业用户建模数据在数据挖掘、机器学习等相关领域的处理。例如,决策树分类方法可以完成互联网上异构数据的分类和归一化。支持向量机可以补偿缺失数据。聚类方法可用于区分和消除互联网数据中的虚假数据,而粗糙集方法可以用来建立企业用户的异常数据清洗模型,根据异常数据进行检测和推理。近年来,随着智能算法和神经网络的深入研究,模糊免疫算法、各类遗传算法和有限 Boltzmann 机也被用于研究企业建模数据预处理问题,取得了良好的效果。因此,充分利用互联网数据进行中小企业建模、数据采集和预处理是可行的。一方面,充分利用互联网丰富的异构数据,可以从企业的各个方面获取信息,有利于建模工作的准确性。另一方面,充分利用互联网数据对企业伪造数据进行识别是非常有帮助的。互联网数据可以由企业提供的数据相互验证,使得数据识别可以自动完成。

近年来,移动互联网技术的发展十分的迅猛和充分,金融业也随着移动互联浪潮的兴起而不断完善。各种传统金融服务与互联网技术进行了融合升级和拓展。数据是移动互联网时代最大的资产，是创新力、竞争力和生产力的来源。在移动互联网浪潮之后，金融业已成为大数据产业的重要生产商之一。在金融业务客户中，基于科技创新的中小企业占据很大比重。对于这些企业的建模，金融机构希望从各种来源获得尽可能多的数据，并对它们进行分析和推演，掌握主营业务、历史信用、业务状况、发展趋势等信息。最终目的是解决中小企业信息不完全、经营状况变化的问题。在移动互联的背景下，如何充分收集和利用互联网数据，研究各种数据的内在联系，获取企业的信用状况，已成为中小企业建模工作中的一个难题。

全面收集和整合科技型中小企业的互联网数据对企业用户建模具有重要意义。首先，从数据智能处理的角度来看，数据的统一存储可以大大扩展建模数据所涉及的范围，提高建模结果的可信度。其次，如果互联网数据和传统建模数据能够以统一的方式存储和分析，则可以验证和识别中小企业的数据，并且可以容易地识别假数据。最后，将互联网数据集成到建模数据库中，对于企业信用特征的提取和识别以及多个数据源的建模都有很大帮助。因此，基于互联网数据的中小企业建模将比传统的静态数据建模更好。当然，如何充分利用互联网数据进行建模仍然存在许多难以解决的问题。网络空间中多源异构数据的收集和集成比传统的静态建模数据收集和集成更为复杂和具有挑战性。在 Internet 的多源异构数据环境中，研究各种数据之间的内在关联性和利用各种观点描述企业的各种数据的数据库建模仍然是困难的。

5.2 数据约简的主要方法

5.2.1 多源异构数据约简的意义

互联网的多源异构数据约减是在保留前提下最小化数据量（该任务的基本先决条件是理解挖掘任务并熟悉互联网多源异构数据的内容）。有两种方法可以减少互联网中的异构数据：针对原始数据集的属性和记录进行属性选择或者进行数据采样。假设公司的数据仓库选择互联网的异构数据进行分析，数据集将会非常大。对大量的互联网异构数据进行复杂的数据分析和推断需要很长时间，这使分析不现实或不可行。互联网多源异构数据缩减技术可用于获取数据集的简化表示。虽然它很小,但它仍然保持原始数据的完整性。通过这种方式,减少数据的数据挖掘将更有效,并产生相同(或几乎相同)的分析结果。

在统计数据分析中,数据集的最优归约分析是一个非常重要的研究方向。数据集的减少可以分为两个方面:(1)利用因子分析、偏最小二乘分析、主成分分析等方法,找出反映系统特征的主要因素。(2)样本聚类、聚类分析、DIV 聚类和动态聚类,根据样本点的相似性,将其分为几个类别,并对其特征、类别和差异进行了研究。数据约简是粗糙集理论的核心内容之一。数据集中的属性并不重要,某些属性是冗余的。通过属性约简,可以消除数据集中的冗余和无用成分,并可以揭示数据中的隐藏规则。从粗糙集理论的角度来看,决策表中的某些属性对于分类是不必要的。删除这些属性后,决策表的分类能力不会改变。属性约简反映了决策表的基本信息。在数据压缩过程中,通常采用模糊集理论来降低属性值。描述对象的属性类型有很多种,如布尔属性、数字属性、类属性等。属性值也是分层的,属性值中可能存在空值。模糊集理论可以将最精细的属性值映射到高粒度级别的模糊值,这不仅降低了数据的复杂度,而且压缩了属性范围的空间,并且可以消除数据中的噪声。

1. 约简互联网多源异构数据的特征属性

特征约减功能可从原始特征中删除不重要或不相关的特征,或通过重新组织特征来减少特征的数量。其原理是在保持特征向量维数的前提下保留甚至改进原始判别能力。特征约简算法的输入是一组特征,输出是它的子集。在没有领域知识的情况下,特征约简通常包括 3 个步骤:

(1)搜索过程:特征空间中的搜索特征子集,每个子集被称为由所选特征组成的状态。

(2)评估过程:通过评估函数或预定阈值来输入状态并输出评估值搜索算法,以使评估最佳。

(3)分类过程:使用最后的特征集来完成最后的算法。

通过特征约简,可以得到如下结果:

(1)通过约简得到更少的数据,提高挖掘效率。

(2)获得更高的数据挖掘准确性。

（3）使数据挖掘过程更加简单。

（4）通过减少获得更少的特征。

2. 通过约简获得更少的样本(样例)数量

样本通常是大量的、质量或高或低，或有或没有先验知识的实际数据。样本减少是从数据集中选择的代表性样本的子集。子集大小的确定应考虑计算成本、存储要求、估计精度以及与算法和数据特性相关的其他因素。初始数据集中最大和最关键的数据数是样本数，即数据表中的记录数。数据分析仅基于样本的子集。当获得数据的子集时，它被用来提供整个数据集上的信息，通常称为估计器，其质量取决于所选子集的元素。采样误差总是由采样过程引起的。采样误差是所有方法和策略固有的和不可避免的。当子集的大小增加时，采样误差通常减小。理论上，对于完整的数据集不存在采样误差。与整个数据集的数据挖掘相比，样本约简具有成本低、速度快、范围广、精度更高的优点。

3. 通过约简简化属性(特征)的取值范围

互联网多源异构数据的特征值约简主要是指特征值的离散化。它将连续特征的值离散化，使它们成为一个单元，并将每个区间映射成离散的符号。该技术的优点是简化了数据描述，易于理解数据和最终的挖掘结果。特征值约简可以包含一个参数或多个参数。参数化方法使用模型来评估数据，简单地存储参数而不是存储实际数据。有两种特征值归约：

（1）回归：线性回归和多元回归。对数线性模型：近似离散多维概率分布。直方图：子盒子近似数据分布，其中 V 最优和最大离散直方图是最准确和实用的。

（2）聚类：将数据元组视为对象，将对象分为组或簇，使"相似"对象与聚类中的其他聚类"相似"，并用数据代替实际数据中的数据约简。

（3）采样：大数据集由小随机数据样本表示，例如简单地选择 N 个样本（相似样本的减少）、聚类抽样和分层抽样。

对于小型或中型数据集，一般的数据预处理步骤是足够的。但是对于实际的大型 Internet 异构数据集，在应用数据挖掘之前，更容易采取中间步骤来减少数据量。在这个步骤中，简化数据的主题是降维，主要问题是丢弃和预处理数据而不牺牲结果的质量。数据描述、特征选择、约简或变换是决定数据挖掘

第5章 多源异构数据的约简问题

质量的核心工作。事实上由高维数据引起的数据爆炸问题将使一些数据挖掘算法不现实,唯一的方法是保持维数约简。预处理数据集的三个主要维度通常以二维数据文件的形式出现:列(元素)、行(样本)和元素值,数据恢复过程有三个基本操作:删除列、删除行和减少列中的值。

我们需要确定在数据缩减操作中,我们会得到什么和失去什么。综合比较分析涉及以下几个方面:数据挖掘的时间消耗:数据压缩可以减少数据挖掘的时间消耗。预测/描述精度:将数据归纳和概括为模型的质量。数据挖掘模型描述:一个简单的描述通常来自数据约简,从而可以更好地理解模型。特征集的精简有两个标准任务:一个是特征选择:基于应用领域和挖掘目标的知识,分析者可以选择初始数据集的特征子集。二是特征算法:特征算法依赖于应用知识。特征选择的目的是找到一个特征子集,它优于数据挖掘中的整个特征集。一种可行的特征选择技术是基于均值和方差的比较。这种方法的主要缺点是特征的分布是未知的。

4. 维数约减

维数约简(降维)是机器学习的必要工具。如果数据库 X 属于 n 维空间,则通过特征提取或特征选择的方法将原始空间的维度减小到 m 维度,这要求 n 远大于 m,并且特征 m 维空间可以反映原始空间数据的特征。这个过程被称为降维。

降维是针对复杂数据或高维数据提出的。很明显,其含义是减少原始尺寸并确保原始数据库的完整性。在减少的空间中实施后续计划将大大减少操作的数量,提高数据挖掘的效率,并将结果与原始数据一起进行挖掘。从集合中获得的结果基本相同。更广泛地说,它可以防止维度过高引起的计算量过大问题。

在科学研究中,我们经常需要处理通常处于高维空间的数据。例如,当我们处理一个 256×256 的图像序列时,我们需要将它转换成一个向量,得 65536 个维度数据,如果直接连接处理数据,则会出现问题:首先,这将是所谓的"维数灾难"问题,大量的计算将使我们无法忍受;其次,这些数据通常不反映数据的基本特征,并且如果它们被直接处理,它们将不被期望得到结果。因此,我们通常需要首先减少数据维数,然后处理减少的数据。当然,我们应该确保减少的数据特性能够反映甚至揭示原始数据的基本特征。

通常，我们的数据降维主要基于以下目标：

（1）压缩数据以减少存储空间。

（2）消除噪声的影响。

（3）从待分类的数据中提取特征。

（4）投影数据投影到低维视觉空间，以清楚地看到数据的分布。

处理高维数据的基本方法是降维，即将 n 维数据缩减为 m（$M \ll N$）维数据，并保持原始数据集的完整性。M 上的数据挖掘不仅效率更高，而且结果与原始数据集的结果基本一致。对现有的数据挖掘模型进行分析，有两个基本的数据维数降低策略：一是消除相关变量的无关性，弱相关性和冗余维数，并找到可变量子集来构造模型。换句话说，在所有特征中选择最佳代表性的特征被称为特征选择。另一个特征提取是通过对原始特征执行一些操作来获得有意义的投影。即将原始的 n 个变量转换为 m 个变量，并对 M 进行后续操作。互联网多源异构数据的约简是机器学习中一个新的重要研究方向。

近年来，互联网上多源异构数据的高维度、大规模、不可控制的特点将推动维数降低算法持续成为研究人员所关注的焦点。

5.2.2 多源异构数据约简的分类

因特网中异构数据处理有多种不同的目的和不同的数据预处理方法，其中属性约简是一项非常重要的数据预处理任务。在原始数据集中，它通常包含数十万个属性，但许多属性可能与挖掘任务本身无关或冗余，人们需要花费大量时间和精力选择参与建模的属性。特别是当数据内容不明确时，会影响最终挖掘结果的正确性、有效性和效率，无论是忽略有用属性还是选择无用属性。属性约简是通过消除冗余和无关属性来减小数据集的大小，并保持原始数据集的概率分布基本一致，并使挖掘结果更易于理解。简而言之，属性约简的基本功能是降低属性空间的维度，提高挖掘效率，提高分类的准确性，提高结果的可读性。

数据属性约简方法可以分为线性属性约简和非线性属性约简，非线性属性约简又分为基于核的方法和基于特征值的方法。线性属性约简的主要方法是主成分分析（PCA），独立分量分析（ICA），线性判别分析（LDA），局部特征分析（LFA）等。基于核的非线性属性约简方法是基于核函数的 KPCA，基于核函数的独立分量分析（KICA），基于核函数的决策分析（KDA）等。基于特征值的非线性降维方法是 ISOMAP 和 LLE。

属性约简可以根据不同的分类标准分为不同的类别。

（1）硬属性约简问题：硬维度约简问题（硬属性约简）是维数范围从数百到数十万维的高维度问题。对于硬属性约简问题，约简过程通常会掉大数量属性。诸如模式识别和包括图像和语音在内的分类问题，诸如人脸识别、特征识别、听觉模式等众所周知的问题属于这个类别。

（2）软属性约简问题：软属性约简（软维度约简问题）通常只处理几十维数据，问题的维数远小于硬属性约简。由于维数减少，约简过程并不会去掉太多属性。大多数统计分析，如社会科学和心理学都属于这一类。

（3）可视化问题：如果数据本身具有很高的维度，但我们需要将它减少到一、二或三维空间，以方便绘制并可视化它。一些代表性技术可以使用颜色（颜色），旋转，立体投影（立体），图像字符（字形）或其他设备将数据可视化，表达技术是盛大的旅游。切尔诺夫的面孔允许更多维度，但很难解释和生成数据的空间视图。

（4）时间序列属性约简：静态维度约简和时间关联属性约简（时间维度约简）。时间相关属性约简通常用于处理时间序列，如视频序列，连续声音等。

（5）监督属性约简：监督属性约简是一个监督学习过程，它使用一组已知类别的样本来调整分类器的参数以达到所需的结果，这也是通过已知的结果作为监督参数进行学习。正如人们通过已知案例学习诊断技术一样，计算机必须学会识别各种事物和现象。用于监督学习的数据与识别的对象相同类别的有限数量的样本。在监督式学习中，在计算每个样本的类别时给出计算机学习样本。

（6）半监督属性约简：主要考虑如何使用注解样本和未标记样本进行训练和分类。

（7）无监督属性约简：即约简过程的学习样本不包含类信息。

5.2.3 基本的数据约简算法

1. 基于属性重要度的数据约简算法

该算法的思想是从信息系统的核出发，首先计算出属性集合 C 的核 $CORE(C)$，将其赋值给集合 B，即 $B \Leftarrow CORE(C)$，判断此时 $IND(B) = IND(C)$

是否成立，若成立则算法结束，输出$CORE(C)$为求得的一个属性约简；否则计算$\forall \alpha \in C - B$ 关于信息系统的核$CORE(C)$的重要度，然后取其中属性重要度最大的属性α将其加入B中，即$B \Leftarrow CORE(C) \cup \{\alpha\}$，再次判断$IND(B) = IND（C）$是否成立，成立则输出B算法结束，否则向集合B中添加属性重要度次大的属性，以此类推，直到得到一个属性约简或者将所有的属性全部添加进入B为止。该算法的具体执行步骤如下所示：

（1）求核算法

输入：信息系统$IS = \{U，C，V，f\}$。

输出：属性集合C的核$CORE(C)$。

具体步骤：

第一步：令$R = \varnothing$；

第二步：$\forall \alpha \in C$，若$IND(C\{\alpha\}) \neq IND(C)$，则$R \Leftarrow R \cup (\alpha)$；

第三步：输出 R，算法结束。

（2）求属性约简算法

输入：信息系统 $IS = \{U，C，V，f\}$。

输出：属性集合 C的约简 $RED(C)$。

具体步骤：

第一步：根据求核算法求出$CORE(C)$；

第二步：令$B = CORE(C)$，若$IND(B) = IND（C）$，则跳转到第五步；

第三步：$\forall \alpha \in C \backslash B$，计算它们相对于$CORE(C)$的属性重要度，取$\alpha_m$ 即为属性重要度值最大的那个属性，如果这样的α_m不只一个，则选取在论域上形成的划分个数最小的那个，把它加入B中，即$B \Leftarrow B \cup \{\alpha_m\}$；

第四步：如果$IND(B) \neq IND(C)$，则跳转到第三步，否则转到第五步；

第五步：输出$B \in RED(C)$，算法结束。

计算属性重要性的方法有很多种。它在知识表示系统中启发式属性约简算法的构建中起着重要的作用。如果属性重要性的定义是合理的，则可以有效地提高属性约简算法的效率。

该算法是一种启发式算法，它比盲目搜索算法更有效，但它可存在对当前信息系统求最佳解失败的可能，也就是说，不一定能求出信息系统的约简。另外，单属性分类能力的测量是不科学的，因为信息系统中的每一个属性都不是独立的，它们之间存在一定的相关性，不同属性的组合可以计算得到其重要性D。可能单位元素的重要性很小，但许多小元素的组合对整个信息系统的分类能力有很大的影响。因此，只有基于单个属性重要性的约简算法难以找到某些信息系统的约简。

2. 基于 Skowron 差别矩阵的数据约简算法

算法的思想是对每个给定的信息系统给出一个相应的差分矩阵，并用差分矩阵表示信息系统中的特定知识。让我们先给出两个定理。

定理 1：
$$CORE(C) = \{\alpha | (\alpha \in C) \land (\exists \alpha(x,y)((\alpha(x,y) \in M_{n\times n}) \land (\alpha(x,y) = \{\alpha\})))\},$$
即信息系统的核等于该信息系统的差别矩阵中所有简单的属性（单个属性）元素组成的集合。

定理 2：设任意的条件属性集合C的子集B，若满足以下两个条件：（1）$\forall \alpha(x,y) \in M_{n\times n}$，当$\alpha(x,y)$不为空时，都有$B \cap \alpha(x,y)$不为空；（2）$B$是独立的，则我们称$B$为信息系统的一个属性约简。

以上实际上已经给出了如何通过差别矩阵来求得对应信息系统的属性约简。

算法的具体执行步骤如下：

输入：信息系统 $IS = (U, C, V, f)$。

输出：信息系统IS的所有约简 $RED(C)$。

第一步：根据差别矩阵的定义给出$M_{n\times n}(IS) = (c_{ij})_{n\times n}$，其中
$$c_{ij} = \{\alpha | (\alpha \in A) \land (f_\alpha(x_i) \neq f_\alpha(x_j))\}, \forall i,j = 1,2,\cdots,n,$$

第二步：根据定理 1 得到$CORE(C)$；

第三步：判断所有包含核的属性集合是否满足：①$\forall c_{ij} \in M_{n\times n}$，当$c_{ij} \neq \emptyset$时，都有$B \cap c_{ij} \neq \emptyset$；②$B$是独立的。若满足则将其赋给$RED(C)$，遍历所有可能的属性组合；

第四步：输出 $RED(C)$，算法结束。

3. 一种基于微分函数的数据约简算法

该算法的主要思想是在差分矩阵的基础上引入微分函数的概念，通过逻辑计算得到当前信息系统的所有属性约简。具体步骤如下：

（1）求核算法

输入：信息系统 $IS = (U, C, V, f)$。

输出：信息系统 IS 的核 $CORE(C)$。

具体步骤：

第一步：根据差别矩阵的定义给出 $M_{n \times n}(IS)$；

第二步：根据定理 1 得到 $CORE(C)$；

第三步：输出 $CORE(C)$，算法结束。

（2）求信息系统的属性约简

输入：信息系统 $IS = (U, C, V, f)$。

输出：信息系统 IS 的所有约简 $RED(C)$。

具体步骤：

第一步：根据差别矩阵的定义给出 $M_{n \times n}(IS)$；

第二步：根据差别函数的定义，建立 $M_{n \times n}(IS)$ 中所有非空元素对应析取式所组成的合取式 $L_{\wedge(\vee)}(IS)$ 如下：

$$L_{\wedge(\vee)}(IS) = \wedge_{\forall C_{ij} = \alpha(x_i, x_j) \neq \varnothing \in M_{n \times n}} \alpha(x_i, x_j)$$

第三步：对 $L_{\wedge(\vee)}(IS)$ 进行逻辑运算后，得到一个内合取外析取的析取范式 $L_{\wedge(\vee)}(IS)$，其中 $L_{\wedge(\vee)}(IS) = \vee_{L_k \neq \varnothing} L_k$；

第四步：输出 $RED(C) = \{L_k | \forall L_k \in L_{\wedge(\vee)}(IS)\}$。其中，任一 L_k 都是信息系统的一个属性约简，所有 L_k 组成 $RED(C)$，算法结束。

从上面的操作步骤可以看出，属性约简算法比以前的算法更有效，但是算法的第二步是在信息系统的属性集的许多元素的情况下逻辑范式是非常大的。有必要减少逻辑运算的大小。

5.3 基于粗糙集的多源异构数据约简

5.3.1 经典粗糙集模型

粗糙集理论是 1982 年由波兰数学家 Z. Pawlak 提出的不确定性知识理论。近年来，粗糙集作为处理不确定知识的一种新的数学工具，因其独特的计算优势及其在数据中的成功应用而被广泛认可，主要应用于数据挖掘，机器学习，知识发现，决策分析，专家系统和决策支持系统。它是人工智能（粗糙集理论、神经网络、演化计算、模糊系统和混沌系统）领域最具潜力的五大新兴技术之一。同时，该理论已在农业、医药、化学、材料科学、地理、管理科学和金融等领域成功应用。现在，决策表也是粗糙集理论和实际应用的主要研究方向之一，它简化了决策表的属性并简化了决策规则。约简是粗糙集理论的重要组成部分。通过删除知识库中的冗余属性集（值），保留知识库中的重要知识，提高知识质量，方便用户做出决策。近年来，许多学者通过不同的方法从不同角度研究了决策规则（降价）的获取。减少包括属性减少和属性值减少。在属性值减少之后，我们必须先执行属性约简。目前，静态属性约简算法主要有两种，一种是基于信息熵的算法。另一种是基于区分矩阵和差别函数的属性约简算法。

在许多实际的大数据环境中，存在着许多不确定性。收集的数据通常包含噪声、不准确或甚至不完整。粗糙集理论是继概率论、模糊集论和证据理论之后处理不确定性的又一强有力的数学工具。作为一种软计算方法，其有效性已在各种应用领域得到证实。它是人工智能理论和应用研究的热点之一。粗糙集与概率论、模糊集和证据理论之间有许多相似之处，但与后者相比，粗糙集不需要先验知识，只需要通过数据本身来获取知识。概率论、模糊集论和证据理论分别需要概率信息、成员信息和概率分布信息。

现实生活中有许多模糊性，不能用真实或虚假的价值观来表达。如何表征和处理这些现象已成为一个研究领域。G. Frege 提出了"Vague"这个词，用来表达整个域中有一些个体不能被分类到子集或子集的一个子集。

1965 年，Zadeh 提出了一个模糊集合。许多理论计算机科学家和逻辑学家试图通过这个理论来解决 G. Frege 的模糊概念。模糊集在实践中仍然有着广泛的应用。模糊集理论基于先验知识，使用隶属函数来处理模糊性，因为它是以可靠的方式建立的。根据已知的知识，对不确定问题的处理往往会得到很好的结果。如基于模糊技术的管理系统，基于模糊推理的评价专家系统，基于模糊信息处理的高校选修系统的构建等。

在 20 世纪 80 年代早期，波兰的 Pawlak 提出了粗糙集来思考 G. Frege 的边界线区域，它被定义为上近似集合和下近似集合。由于它有一个确定的数学公式，完全由数据决定，因此更为客观。自从提出以来，许多计算机科学家和数学家对粗糙集理论及其应用进行了不懈的研究，理论上越来越完善，尤其20世纪80年代后期应用于知识发现领域已经引起世界越来越多的关注。

《粗糙集：数据推理的理论方面》是1991年波兰数学家关于粗糙集的第一本著作，1992年，第一届粗糙集国际研讨会在波兰的Kiekrz举行。此后，每年举办一次关于粗糙集理论的国际研讨会。

在中国，2001年，第一届中国粗糙集与软计算研讨会加工大会暨软计算研讨会"在重庆举行，创始人Z. Pawlak教授应邀出席会议报告。

粗糙集是一种软计算方法。软计算的概念由模糊集的创始人Zadeh提出。软计算的主要工具有粗糙集（RS）、模糊逻辑（Fuzzy Logic）、神经网络（NN）、概率推理（Probability Reasoning）、可靠性网络（Belief Networks）、遗传算法（GA）等演化优化算法、混沌（混沌）理论等。传统的计算方法被称为硬计算，它使用精确的、固定的和不变的算法来表达和解决问题。软计算的指导原则是利用允许的不精确性、不确定性和部分真实性，易于处理，稳健和低成本，从而更好地与实际系统协调。

1. 粗糙集理论的基本概念

人的分类能力是对人类和其他物种和事物的认识，是一种知识。知识是从认知科学的角度来理解的。知识是基于对对象进行分类的能力。知识直接关系到真实世界或抽象世界的分类，称为领域U。设定有一个论域U，对于任何子集$X \subseteq U$可成为一个U中的概念或范畴，U的任何概念族称为U的抽象知识，简称知识。

关于U的一个划分η定义为：$\eta = \{X_1, \cdots, X_n\}$

其中$X_i \subseteq U$，$X_i \neq \varnothing$，$X_i \cap X_j = \varnothing$，$i \neq j$，$i, j = 1, 2, \cdots, n$，$\bigcup_{i=1}^{n} X_i = U$。$U$上的一族划分称为关于$U$的一个知识库（knowledge base）。

设R是U上的一个等价关系，U/R表示R的所有等价类，或U上的划分构成的集合，$[X]R$表示包含元素$X \in U$的R等价类。

一个知识库就是一个关系系统$K=(U, R)$，其中U为非空有限集，是论域，R是U上的一族等价关系。

若$P \subseteq R$且$P \neq \varnothing$，$\cap P$（P中所有等价关系的交集）也是一个等价关系，称

为 P 上不可区分关系（indiscernibility），记为 $IND(P)$，$IND(P)=\cap P$，且有
$$[X]IND(P)= \cap [X]H$$

$H \in P$。$U/IND(P)$ 表示等价关系族（P）的相关知识，称为 K 中关于 U 的 P 基本知识（P 为基本集）。

有序对 $S=(U, A)$，其中 U 为非空有限集合，称为全域。$A=C \cup D$，$C \cap D \neq \emptyset$，C 表示条件属性集，D 表示决策属性集。全域 U 的元素被称为对象或者实例。

2. 不可区分关系

R 的非空子集 P 上的不可区分关系为 $ind(P)$。称 $U/ind(P)$ 为 $K=(U, R)$ 关于论域 U 的 P 基本知识。称 $[x]ind(P)$ 为 P 的基本概念。$Ind(k)=[ind(P)|\emptyset \neq P \subseteq R]$。例如，空间对象集 u 有两个"颜色"和"形状"。"颜色"的属性值是红色、黄色和绿色，并且"形状"的值被取为正方形、圆形和三角形。从离散数学的角度来看，"颜色"和"形状"构成了一个等价关系关系族。U 中的物体可分为"红色物体""黄色物体""绿色物体"等。根据"形"的等价关系，可分为"方形物体""圆形物体""三角形物体"等。根据"颜色+"，形状的综合等效关系可分为"红色圆形物体""黄色方形物体"和"绿色三角形O"。如果两个对象属于一组"红色圆形物体"，它们是不可区分的，因为它们都是"红色"和"圆形"。不可分辨关系的概念是 RS 理论的基石，它揭示了领域知识的粒度结构。

3. 上近似和下近似

给定知识库 $K=(U, R)$，对 $X \neq \emptyset$ 且 $X \subseteq U$，一个等价关系，$R \in Ind(K)$。称 $\underline{R}X = \cup \{Y \in U/R | Y \subseteq X\}$ 为 X 关于 R 的下近似。称
$$\overline{R}X = \cup \{Y \in U/R | Y \cap X \neq \emptyset\}$$
为 X 关于 R 的上近似。

4. 粗糙集

若 $\underline{R}X \neq \overline{R}X$，则 X 为 R 粗糙集。否则称 X 为 R 精确集。

5. 重要性

设 $\boldsymbol{R}$ 是一族等价关系，$R \in \boldsymbol{R}$，如果
$$ind(\boldsymbol{R})=ind(\boldsymbol{R}-\{R\})$$
则称 R 为 $\boldsymbol{R}$ 不必要的；否则称 R 为 $\boldsymbol{R}$ 必要的。

如果每一个$R \in \boldsymbol{R}$都为$\boldsymbol{R}$必要的，则称$\boldsymbol{R}$为独立的；否则称$\boldsymbol{R}$为依赖的。

5.3.2 基于粗糙集模型进行属性约简的主要方法

粗糙集研究的核心问题之一是属性约简。通过属性约简，可以得到决策表的最小表达式。在保持知识表示系统的分类能力时，去除无关或不重要的属性也是很重要的。然而，已经证明，求解所有约简和求解最小约简是 NP 问题。所提出的属性约简算法大多是基于启发式算法的，它针对的是集中式单决策表（完全决策表），不适合大容量数据的分析和挖掘。目前，一些学者已经研究并实现了一种基于分布式平台的粗糙集属性约简算法。然而，这些算法只在分布式平台上实现了简化算法本身，集中式单决策表仍然被处理，不考虑数据集的分布式存储。在大数据环境下，对分布式存储的简化算法的研究很少。为了减少大数据的条件属性，我们可以选择相同的决策分类来维护属性的最小子集，从而大大减少了大数据分析的工作量。具有分布式存储标签的大数据可以被视为每个站点的决策表。整个大数据被认为是由多个决策表组成的。这些决策表的属性是不同的，但决策属性是相同的。因此，可以减少分布式存储中的大量数据，从而减少决策表的数目。

目前，Internet 上多源异构数据的主要形式是来自世界各地不同系统数据库的数据源，获取的数据类型不尽相同。与传统的分类方法不同，大数据的分类不再考虑单个数据，而是以数据块的形式作为研究对象。这是因为仅用单个数据判断类别信息是没有意义的，但应该考虑一段时间来确定数据段属于哪个类别。因此，大数据的分类应从数据块开始。为了快速有效地建立大功率数据的分类模型，将数值条件属性的数据块近似为区间值的形式，即数据块由数据块的最大最小值来近似，我们可以将区间属性转化为数值模型，从而研究区间值属性的约简。

基本的粗糙集属性约简过程如下：

对于 A 的任意子集 B，我们把 B 叫做 A 的约简，如果 $IND(B)=IND(A)$，且 $IND(B-\{a\}) \neq IND(A)$。属性约简是粗糙集理论的核心问题之一。

1. 决策表

在 RS 理论中，决策表被用来描述域中的对象。它是一个二维表，每一行描述一个对象，每个列描述对象的属性。属性分为条件属性和决策属性。根据不同的条件属性,将域内的对象划分为具有不同决策属性的决策类。对于分类,不是所有的条件属性都需要,有的是冗余的,删除这些属性不会影响原始分类效果。将归约定义为没有冗余属性的最小条件属性集,保证了正确的分类。决策表可以同时减少几次。这些减少的交叉点被定义为决策表的核心。内核中的属性是影响分类的重要属性。从另一角度看,决策表中的每一个对象都包含一个分类规则,而决策表实际上是一组逻辑规则。

2. 决策表定义

决策表可以定义如下:

$S=(U,A)$为一信息系统,且$C,D \subset A$是两个属性子集,分别称为条件属性和决策属性,且$C \cup D=A$,$C \cap D=\emptyset$,则该信息系统称为决策表,记作$T=(U,A,C,D)$或简称CD决策表。关系$IND(C)$和关系$IND(D)$的等价类分别称为条件类和决策类。

3. 决策表的分类

当且仅当$C \Rightarrow D$,决策表$T=(U,A,C,D)$是一致的。

很容易通过计算条件属性和决策属性间的依赖程度来检查一致性。当依赖程度等于1时,我们说决策表是一致的,否则不一致。

4. 决策表的属性约简方法

一致决策表的约简步骤如下:

决策表的条件属性约简是从决策表中删除一个列,消除重复的行,消除每个决策规则中的冗余属性值。约简不一致的决策表:处理一致的决策表很容易,但如果存在不一致的属性值或属性值可能导致不一致的规则。该方法在减少不一致性表时不能使用。一般采用如下方法:首先,考虑正区域的变化;其次,将不一致表分为完全一致表和完全不相容表两个子表。不一致决策表的约简步骤与统一决策表的约简步骤相似。

Skowron属性约简方法过程如下:

决策表中属性约简的过程是从决策表信息系统的条件属性中去除不必要的条件属性,并获得了更加简单和有效的决策规则。 有许多属性缩减的方法。其中,A. Skowron提出了一种使用分辨矩阵表达知识的非常着名的归约法。 还有数据分析简化方法,归纳属性约简算法,基于互信息的属性约简算法,基于特征选择的属性约简算法和基于搜索策略的属性约简算法等。简化算法如下：

令$s=(U, R, V, f)$是一个信息系统，U为论域且$U=\{x_1, x_2, \cdots, x_n\}$，$R=C\cup D$是属性集合，子集$C$和$D$别是条件属性集和决策属性集，$V=$是属性值的集合，表示属性值$rR$的属性值范围，即属性$r$的值域，$f: URV$是一个信息函数，它指定$U$中每一个对象$r$的属性值。$r(x)$是对象$x$在属性$r$上的值，$D(x)$是记录$x$在$D$上的值，则可辨识矩阵记为：

$(C_{ij})_{m\times n}=\{r\in C: r(x_i)\neq r(x_j)\}$ $D(x_i)\neq D(x_j)$

$=0$ $D(x_i)=D(x_j)$

$=-1$ $\forall r, \exists r(x_i)=r(x_j)$ $D(x_i)\neq D(x_j)$

$i, j=1, 2, \cdots, n$

上述公式指出，当决策属性不同且条件属性不完全相同时，元素值是属性的不同组合；当决策属性同时，元素值为0；当决策属性不同且条件属性完全相同时，元素值为-1，表示该数字错误或条件属性不足。

数据集的所有约简可以通过构造差别矩阵并简化从分辨矩阵导出的差分函数来获得。在使用吸收规律将分化函数简化为标准公式后，所有蕴涵属性都是信息系统的全部约简集。

根据微分函数与约简的对应关系，A. Skowron提出了一种计算信息系统S的约简的方法：

（1）计算信息系统S的可辨识矩阵。

（2）计算与区分矩阵$M(S)$对应的不同函数$FM(s)$。

（3）计算不同函数$FM(s)$的最小析取范式，其中每个析取元素对应于一个约简，并将所有析取表达式合并，得到一个连接的正规形式。

（4）连接范式被转换为析取范式。

（5）输出属性减少了的结果。分离范式中的每个连接项对应于一组属性约简，该属性约简由每个连接项中包含的属性组成。

为了减少决策表，我们可以使用区分矩阵法来减少条件属性，而不是将个体与相同的决策属性进行比较。考虑下面的决策表。条件属性是A、B、C和D，决策属性是E。

U/A	a	b	c	d	e
u_1	1	0	2	1	0
u_2	0	0	1	2	1
u_3	2	0	2	1	0
u_4	0	0	2	2	2
u_5	1	1	2	1	0

由下面的分明矩阵很容易得到核为$\{c\}$，分明函数$fM(S)$为$c \wedge (a \vee d)$，即$(a \wedge c) \vee (c \wedge d)$，得到两个约简$\{a, c\}$和$\{c, d\}$。

5	u_1	u_2	u_3	u_4	u_5
u_1					
u_2	a, c, d				
u_3		a, c, d			
u_4	a, d	c	a, d		
u_5		a, b, c		a, b, d	

根据得到的两个约简，可以简化为下列决策表：

U\A	a	c	e
u_1	1	2	0
u_2	0	1	1
u_3	2	2	0
u_4	0	2	2
u_5	1	2	0

U\A	c	d	e
u_1	2	1	0
u_2	1	2	1
u_3	2	1	0
u_4	2	2	2
u_5	2	1	0

U\A	a	c	e
u_1	1	2	0
u_1	0	1	1
u_3	2	2	0
u_4	0	2	2

对于决策表，属性值的减少是决策规则的减少。决策规则的约简是用决策逻辑来消除每一个决策规则的不必要条件。它不是一个积分约简属性，但对于每个决策规则，当规则被表示时，冗余属性值被删除，也就是说，计算每个决策规则的内核和约简。

基于可辨识矩阵的启发式约简算法过程如下：

输入：决策表$(U,A\{d\})$，其中$A=i=1..n$。

输出：约简：reduct。

步骤：

(1) 令约简后得到的属性集台等于条件属性集台，即reduct=R；

(2) 计算可辨识矩阵M，并找出所有不包含核属性的属性组合S；

(3) 将所有不包含核属性的属性组合表示析取范式的形式．即$P=\wedge\{\vee a_i, k:i=1,\cdots,s,k=1,\cdots,m\}$；

(4) 将P转化为析取范式的形式．并按照(2)计算属性的重要性；

(5) 选择其中重要性最小的属性a；

(6) 判断约简操作是否成立，若成立．删除因条件属性约简而引入的冗余样本和不相容样本，$i=i+1$，转(5)；否则恢复约简该属性前的样本数据，结束约简。第(6)步中的判断条件为：$P1/P0<a$。

式中P_0为执行本次约简操作前知识表中样本的数量，p_1为执行约简后引入的不相容样本数。

变精度粗糙集模型

Ziarko等人提出的变精度粗糙集(Variable Precision Rough Set，VPRS)模型是对Pawlak的粗糙集(Rough Set，RS)模型的一种扩展。VPRS通过设置阈值参数β，放松了RS理论对近似边界的严格定义，$0.5\beta\leqslant1$。当$\beta=1$时，VPRS模型就变成了RS模型，因此RS模型是VPRS模型的一个特例。随着β增加，VPRS模型的近似边界区域变窄，即变精度粗糙集意义下的不确定区域变小。因此，VPRS模型对数据不一致性有一定的容忍度。VPRS模型有利于解决属性间无函数或不确定关系的数据分类问题。

双论域下的粗糙集约简模型

在传统的粗糙集数据约简算法中，约简对象通常是一个单一的信息系统，当属性约简算法应用于数据挖掘实践时,数据约简对象通常是关系模型数据库。在这种情况下,当分析问题时,它通常对应于数据库。使用两个以上的表(关系);在大多数情况下,可以使用以下两种方法来处理数据:(1)在两个表上执行连接操作,然后通过一个单一的信息系统还原方法处理连接的表。(2)合并两个表的数据,即查找两个表的外部,并且在某些极端情况下,我们可以计算两个表的笛卡儿积。双域粗糙集模型已成功应用于数据库,理论有待进一步发展。

5.3.3 基于粗糙集信息熵模型的数据约简方法及其应用

粗糙集理论在处理不完备数据方面具有固有的优势,也可以对不确定性信息进行统计分析和挖掘。粗糙集理论自创建以来,在许多领域得到了广泛的应用。它的典型应用是企业管理、方案决策、目标评价、智能学习、分类识别等。将粗糙集理论应用于风险管理、信用评估、信用管理、风险分析等风险评估与决策领域。在基于粗糙集风险评估的具体方法中,指标的客观权重由评价对象的重要度指标确定,最终权重值可以通过专家的风险评分加入到风险评估的实际情况中。因此,粗糙集属性约简方法可以作为主观风险评估的补充,可以提高评价结果的客观性和可解释性。最后,将客观属性和主观先验知识的重要性相结合,确定属性权重,然后对风险进行评估。

在互联网金融产业链中,融资机构的规模参差不齐。许多中小金融机构不同于传统银行。因此,粗糙集方法应充分应用于历史业务数据的数据挖掘和知识提取,对当前互联网金融业可能存在的系统风险进行评估和建模具有重要意义。通过对金融机构各种历史和外部环境数据的分析以及与系统风险评估相关的常规知识的获取,可以为建立合理的财务风险管理评价体系提供理论指导,为财务风险管理部门提供科学的决策依据。最后,风险可以作为系统风险管理和金融机构决策的一种功能来实现,从而增强金融机构抵御系统性风险的能力。

粗糙集理论是研究不完备、不确定知识和数据表达、学习和归纳的一种方法。由于对先验知识的要求不高,粗糙集理论能够较好地应用于管理决策、专家系统、机器学习和模式识别。在风险决策权重确定中,基于粗糙集理论的权重确定方法在金融机构风险管理、个人信用评估、贷款信用管理、投标风险分析等方面得到了越来越多的应用。在基于粗糙集理论权重确定的具体方法中，属性的目标权重由属性重要性确定，然后将目标权重与专家经验知识确定的主观权重相结合，确定最终权重。在实际应用的背景下，克服了权重决策的不足，确定了过于依赖专家经验的知识。然而，该方法不能处理决策属性问题。属性的权重是根据删除属性后的分类结果的变化来定义的。它实现了客观属性重要性和主观先验知识的组合来确定属性权重。也就是说，在某些情况下，这些非冗余属性也被识别为冗余属性。为了解决这个问题，我们可以根据属性减少决策表，然后根据权重计算公式得到属性权值约简决策表。该方法避免了高约简的问题。

金融风险评估是金融安全评估的敏感部分。随着中国地方经济的转型和产业结构的调整，区域性银行业金融机构迅速崛起，逐渐形成自身的商业特色，成为行业的翘楚。然而，由于利率市场化的加速和政府干预的不合理，这些区域性金融机构的风险不断增加，这对融资活动的正常运行和银行金融安全的风险有很大的影响。因此需要运用业务风险、业务模型、企业资产和外部风险等四种风险进行监控。

1. 资产营运

（1）核心资本充足率。核心资本充足率是指核心资本与总加权风险资产的比率。巴塞尔委员会规定，银行资本充足率应达到 8%，其核心资本充足率将达到 6%。核心资本充足率是确定银行和金融机构资本充足率的基础。它与银行的盈利能力和竞争力密切相关。在中国经济发展过程中，银行和金融机构有足够的核心资本为地方政府投资提供信贷资金。因此，银行业金融机构必须确保相关信贷活动的核心资本充足率达到 6%。

（2）资本与风险资产的比率。资本与风险资产的比率是指银行资本与风险资产的比率，是监管机构或银行金融机构确定风险抵抗所需的最低资本。银行金融机构的风险资产是指可能损失的资产，主要包括贷款和投资。贷款和投资信贷风险较大，需要银行资金保护。由于中国的经济发展主要依赖于投资，资本主要来源于银行信贷，而银行则受到政府的不合理控制。这种类型的信贷更有可能形成风险资产。因此，当银行向地方政府投资和发放信贷时，需要考虑和控制资本与风险资产的比率。这个比率通常是 15%～20%，有效地抵御资产损失。

2. 不良贷款

不良贷款率是指金融机构不良贷款占贷款总额的比例。在评估银行贷款质量时，将不良贷款分为正常、相关、从属、可疑和遗漏五大类。后三种被称为不良贷款。为了获得投资资金，地方政府迫使银行放贷，帮助贷款，管理贷款和融资，这直接损害了贷款的经济效益。地方政府的不合理行为导致了更多的不良贷款和巨大的金融风险。国际标准是金融机构不良贷款率为10%。中国大多数银行和金融机构也将这一比率作为上限。因此，当银行向地方政府贷款时，应控制不良贷款的比例。

（1）次级贷款利率。这是指借款人的不良信用质量和低收入贷款。由于信用差或信用缺失，这些人往往没有优惠贷款，要求借款人有良好的信用记录。次级贷款利率一般高于正常贷款利率，通常是浮动利率。随着时间的推移，利率将急剧上升，这给借款人带来了更大的风险。由于次级贷款违约率较高，贷款人的信用风险也高于正常贷款。

（2）可疑贷款比例。可疑借款意味着借款人不能足额偿还贷款的本金和利息，即使履行担保，也会造成较大损失。可疑贷款的基本特征是，可疑贷款具有次级贷款的全部表现，但更为严重，并且由于难以确定由重组或诉讼造成的损失程度，通常被归类为可疑。应把握可疑贷款分割中"肯定损失"的基本特征。

（3）损失贷款比率。损失类贷款是指在采取一切可能的措施或一切必要的法律程序后，不能收回本金和利息，只能收回一小部分。损失贷款的基本特征是"严重损失"。无论采取何种措施和程序，贷款都注定要失去或收回贷款的价值，而将信用资产存入账户是没有意义的。

3. 资本储备

（1）核心资本。核心资本被称为一级资本（一级资本）。它是银行资本的一部分，至少占总资本的50%，不低于银行总资产的4%。

（2）子公司的资本。补充资本也称为二级资本，是衡量银行资本充足率的指标，包括非公积金、资产重估准备金、公积金、（债权/权利）混合资本工具和次级长期债券。由于清算风险，次级债券的信用水平低于同一发行人的信用等级为 1/2。

（3）资本扣除。包括未偿银行资本投资、非银行金融机构资本投资、非自用房地产投资、工商资本投资、贷款损失准备等。

4. 外部风险

（1）政策风险。在市场经济条件下，具有竞争性市场资源的企业，由于价值规律和竞争机制的影响，需要获得更大的活动自由度。因此，可能违反国家相关政策，国家政策对企业行为具有强制性约束力。另外，国家可以根据不同时期宏观环境的变化来改变政策，这必然会影响到企业的经济利益。因此，由于政策的存在和调整，国家与企业在经济利益上存在矛盾，导致政策风险。

（2）规划风险。区域规划调整的风险。

（3）宏观经济指标。宏观经济指标是反映经济形势的一种方式。主要指标包括国民生产总值、通货膨胀和收缩、投资指标、消费、金融和金融指标。宏观经济指标在宏观调控中发挥着重要作用。

根据以上分析，根据风险项目，风险指标和指标，建立三个指标栏，建立财务风险评估指标体系，见表 5-2。

表 5-2 风险评估指标体系

风险项	风险指标	指标说明
资产营运	核心资本充足率	核心资本与加权风险资产总额的比值
	资本与风险资产比例	银行资本与风险资产比值
不良贷款	次级类贷款率	次级类贷款余额/各项贷款余额×100%
	可疑类贷款率	可疑类贷款余额/各项贷款余额×100%
	损失类贷款率	损失类贷款余额/各项贷款余额×100%
资本储备	核心资本	包括实收资本或普通股、资本公积、盈余公积
	附属资本	包括重估储备、一般准备、优先股、可转换债券
	资本扣减项	包括商誉、商业银行对未并表金融机构的资本投资等
外部风险	政策风险	国家或地方政府有关产业政策
	规划风险	城市规划调整指标
	宏观经济指标	目标城市三年内 GDP 总量和增速

基于粗糙集信息熵模型的数据约简方法过程如下:

1. 数据预处理。综合评价指标体系中,部分指标可以量化,部分指标不能量化。对于无法量化的指标,可以通过专家标记的形式确定。对于可量化的指标,应根据实际价值进行分级。由于不同指标的大小和维度不同,评分方法应该消除属性间的不可通约性,以保证决策表中数据关系的一致性。

2. 连续数据离散化。由于粗糙集只能处理离散数据,因此有必要离散化连续数据。

3. 建立一个决策表。将数据离散化的结果转化为由四个元素(U, C, D, V, f)组成的决策表 S,$U=\{u_1, u_2, \cdots, U_n\}$ 表示每个评估对象的集合,和条件属性评估指标集 $C=\{C_1, C_2, \cdots, C_z\}$,其中 C_x(x=1, 2, $\cdots$, Z 是第一级索引的条件属性,第一级索引条件属性包含一些两级索引条件属性,可以描述为 $C_x=\{c_{x1}, C_{x2}, \cdots, C_{xv}\}$,决策属性集合 $D=\{d_1, D_2, \cdots, D_r\}$。

4. 确定目标的权值。将基于信息熵的粗糙集方法引入到智能分析的综合评价中,得到属性(即指标)的客观权重。考虑到在实际应用分析中常用的评价对象数据通常较少,且相应的评价和分析指标数较大,认为当使用粗糙集方法时,将第一级索引集划分为对象。两级权重的确定为解决小样本数据问题的粗糙集提供了一种新的解决方案。

根据粗糙集的属性重要度公式计算各指标的权重。通过比较某指标去除前后评价结果的影响程度,得出指标在整个指标体系中的重要性。一些指标的添加或删除将直接影响指标体系对评价对象的分类结果,指标体系中不同指标反映的信息量是不同的。与专家的经验相比,粗糙集所获得的权重是基于测量和实验数据,挖掘数据本身,发现事物的内在规律。因此,它比一般主观赋权法更客观,提高了评价结果的真实性。

在建立关系数据模型后,可以利用粗糙集理论确定各指标的权重。从指标的最低层次出发,建立了母指标的知识表达体系。每个子索引是一组条件属性,父索引是决策属性,并且知识表达系统被数字处理。然后删除重复行;接下来,计算相邻风险指标之间的依赖程度,即计算一组决策集的依赖程度。最后,根据关联度确定风险评价指标体系中各指标的权重。

从信息熵的角度来看,粗糙集数据约简操作更直观。基于信息熵的运算可以获得不同属性的重要性。也就是说，通过从决策表中去除条件属性，研究了属性缺失条件下决策分类中信息熵的变化。如果变化很大，属性的重要性是很大的，否则，重要性很小。

数据缩减的最终目标是评估组合服务。最常用的方法是线性加权法，根据指标值和权重对其进行加权，得到综合评价结果。在基于粗糙集属性约简的综合评价方法中，它可以与 TOPSIS 法和投影法相结合。通过计算每个评价对象到参考点的距离，可以确定评价对象的质量（从最佳样本点的距离越远，最坏样本点越远），以及灰色关联度评价的混合。通过计算评价对象与参考样本之间的关联度，每个评价对象的排序（与最佳样本的关联度越大）越好。将综合评价方法与各种方法相结合，用灰色聚类评价计算程序代替当前权重系数，从而得到更为准确的互联网金融风险评估结果。灰色聚类评价中权重系数的确定一直是人们研究的问题。提出了一种基于粗糙集理论的网络财务风险综合评价方法。它是基于测量和实验数据、数据挖掘本身，从而找出事物的内在规律。该方法克服了传统专家权重系数由单一专家确定的缺陷，使灰色聚类评价方法更具客观性，进一步丰富了粗糙集理论和灰色聚类评价方法的理论知识。

粗糙集信息熵的修边法改进方法如下：

修边法是一种改进的基于粗糙集的属性约简方法。它的基本功能是在决策表中找到更精确和有意义的属性重要性。它可以弥补粗糙集方法的缺点，但不会失去粗糙集的原始优势。

定义 1：修边法的粗糙集定义

通过人工假设，粗糙集的边界区域被认为是完全可定义的，即边界域中的每个对象被假定为一个分区，从而消除了边界域，并将粗糙集转换为一个精确集，然后比较精确的集信息。假定粗糙集的实际信息是二值的。误差率可以用来量化粗糙集的粗糙度，而不是粗糙隶属度。

定义 2：决策表中修边法的定义

根据人类假设，决策表中的冲突域被认为是完全一致的，也就是说，冲突域中的每个对象都被明确地定义为决策类，从而消除冲突并将冲突决策表转换成一致的决策表 A。然后利用原始决策表的实际信息，做出假设的决策表信息。比较两者之间的错误率。错误率指示缺失条件属性的重要性。这个定义可以用来计算条件属性的重要性。

修边法的重要性与普通粗糙集方法之间存在偏差。前者保留后者的缺失部分信息，后者可以获得更准确的属性重要性。两者的成本处于同一水平。

修边法主要分为两个步骤：1）计算边界域的隶属度；2）计算微调假设和微调误差。

修边法是一种计算较为简单的属性约简方法。充分利用粗糙集属性约简算法的优点，避免了一些缺陷。当然，修边法不能解决高维属性约简的 NP 问题。在高维约简问题中，修边法可以作为一种初步的处理方法。首先，我们应该明确地选择所有的核心属性及其相应的属性重要性。然后，在非核心属性集中采用基于差别矩阵的启发式方法。对于包含冲突的不完整数据集或决策表，如果属性约简直接由可识别矩阵使用，则通常会导致严重的错误，并且差异矩阵对决策表中的一些隐性错误或错误非常敏感。

5.3.4 粗糙集属性约简法的优缺点

鉴于高维数据集属性的约简，最有效的方法是基于粗糙集的方法。粗糙集用于处理不确定性、不完整性和不精确性。

1. 粗糙集的优点

粗糙集使用由数据提供的信息而无需先验知识。引入上、下近似和边界域的概念来描述知识的不确定性，边界域中不确定元素的数目是可计算的。粗糙集可以处理不完全信息。在保持关键信息的前提下，可以简化数据并获得最小的知识表示。它可以评估数据属性的依赖性，揭示简单的模式，并从经验数据获得规则知识。

2. 粗糙集的缺点

在实际应用中，粗糙集之间的等价关系过于严格。数据集中的数据集可能导致知识遗漏或偏离。下面的例子：在 DataSet U 中，E 是条件属性集 C 上的等价类，它包含 10 000 个对象，F 是决策属性集上的等价类。基于一般粗糙集模型，E 属于 F 的边界域，不能为 F 的正推理，但 E 中的一个对象可能不属于 F，这可能是由噪声引起的。实例表明，一般粗糙集模型对噪声非常敏感。事实上，数据集中存在多种异常数据。因此，粗糙集模型在一定程度上限制了粗糙集的应用。

5.4 小结

本章讨论并研究了多源异构数据约简的生成和约简方法。通过对粗糙集属性重要性的深入研究，综合考虑了非冗余条件属性重要性的权重表示方法和属性集中的冗余条件属性，提出了信息熵的粗糙度。实例分析和比较表明，本书提出的方法更加全面和合理，并且提高了该方法的通用性和可解释性。将信息熵下的粗糙集方法引入到财务风险评估权重的确定中。在已有研究的基础上，建立了基于粗糙集信息熵的智能评估模型，客观获取了各评估指标的权重值，为后续的综合评估分析和应用奠定了基础。实例表明，粗糙集智能评估模型是可行和有效的，为综合评估提供了一种新的智能评估方法。在本章中，分布式存储的多源异构大数据被认为是具有相同属性和不同条件属性的决策表。在此基础上，将大数据划分为要分块的块，研究了多决策表的区间值全局近似约简方法。本章的工作意义在于：

1. 将粗糙集方法引入到大数据分析中，通过属性约简方法减少大数据分析涉及的数据量。

2. 基于混合属性类型，异构互联网的大数据主要基于混合属性类型，数据块应作为大数据分类中的对象单位。将数据块近似描述为区间值形式，并讨论区间值决策表的启发式约简方法。

第6章 多源异构用户大数据建模

6.1 数据建模

与传统的逻辑推理研究不同,大数据研究是对大量数据的统计分析,例如统计搜索、比较、聚类和分类。大数据分析更注重数据的相关性或关联性。所谓的"相关性"意味着两个或多个变量的值之间存在某种规律。"相关性分析"的目的是找到隐藏在数据集中的隐藏网络(关联网络)。因此,大数据分析重点是寻找相关性而不是寻找因果关系。也许正是因为大数据分析侧重于寻找大数据的相关性,才能够使得其分析技术在商业领域中广泛应用。

大数据分析中存在一个大数据分析挖掘生命周期模型。大数据分析前期的各项准备工作包括:数据源选择、数据抽样选择、数据类型选择、缺失值处理、异常值检测和处理、数据标准化、数据粗分类处理以及变量的选择问题。

数据分析的第一步为获取数据,当有了大量数据之后,接下来的工作是对这些数据进行分析,并利用合适的数据分析及数据挖掘技术建立合理的模型,找到隐藏在数据下面的客观规律。经过多年的发展,大数据分析技术已经形成了基本的数据分析、建模的步骤。

对数据进行分析需要首先对数据的维度进行汇总,进而构建模型,根据企业业务的不同需求建立不同的数据模型(如针对数据流失进行预警、针对欺诈进行检测、对用户购物车进行分析、针对营销的响应等),并对模型得到的结果进行解释、评估以及结果评价。

因此,数据分析可以分为多步实现,包括数据验证、数据清理、数据重建和数据建模的过程。如图 6-1 所示。目的是分析数据的特征、寻找有用的信息,得到较有建设性的结论,并协助产生对应决策。数据分析的实现形式、应用方法多种多样,涵盖了各种不同的技术,适用于不同场合,包括科学、社会学等众多不同领域。

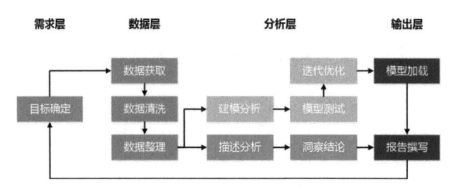

图 6-1 数据分析过程

实际上，数据建模问题主要是将大量信息或海量信息对应于大量数据或海量数据并从中寻找到关键问题的答案。

数据建模的作用主要是针对信息系统中所需的数据进行定义并分析的过程。因此，数据建模整个过程都需要专业的建模人员与公司运营人员以及信息系统使用人员之间的密切合作。

大数据建模的实现实际是将多个学科进行交叉融合，对数据进行提取、存储以及分析，最终发现新知识及新规律。

通过过去或当前实际对象的相关信息研究两个方面：

（1）分析实际对象的状态和特征，并据此进行评估和决策；

（2）分析和预测未来实际物体的变化和趋势，为科学决策提供依据。

建立数据模型的过程通常包括四个步骤：目标设定和数据处理、变量设定、模型构造以及结果的输出，如图 6-2 所示。但是，根据数据挖掘的不同类型，应用中会有一些细微的差别。模型构建是一个需要反复迭代的过程，需要仔细考察不同模型的特性，以确定哪个模型在解决问题上是最有效的。

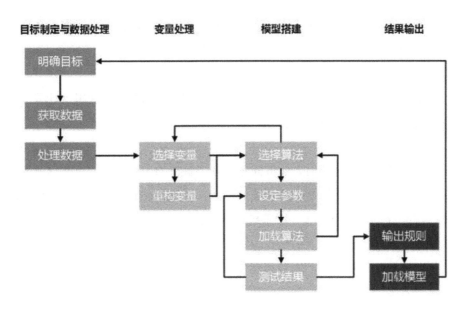

图 6-2 数据模型的建立过程

（1）变量的选择及重构

在数据建模开始之前，首先需要考虑的是构建模型中的变量如何设计。需要考虑业务逻辑以及数据逻辑两个部分：

业务逻辑：基于统计上来的数据确定变量，统计数据的过程与业务息息相关，例如，在统计服装销售数据时，一旦定义了"鞋子"的类别，无论是什么品牌或型号，鞋子的数量为 2 的概率有大于 99%。因此，在接下来的建模中该变量不会被选中。这种情况下需要分析该公司的业务，从而确定变量的选择，哪些可选，哪些不选。

数据逻辑：从数据的完整性角度与数据的集中度分析，它通常与其他变量关系非常密切（甚至是因果关系）。例如，变量在业务中非常有价值，但是未命中率为 90%，或如非布尔值变量，变量的值只集中在两个不同的数值上，那么就需要重新分析，添加此变量是否具有实际分析价值。

选择变量时，业务逻辑的优先级应高于数据逻辑。其中，业务逻辑主要是基于现实情况自然产生的，并且数据建模的结果往往也会反馈到实际中。因此，在变量的选择过程中，业务逻辑相对更重要。

然而，当变量自身的特点并不适合直接被用来建模时，例如，调查问卷中的某个满意度选项为"不满意""满意"和"非常满意",首先需要将三个文字选项重建为"1"(与不满意对应),"2"(与满意对应),"3"(与非常满意对应)的数字形式,供后续建模使用。

除了这种重构之外,可以分别使用变量(例如使用均值)和组合计算(例如 $A \times B$)。还有许多其他重构方法,这里不再一一解释。

(2)筛选算法

在利用数据进行建模时,业务问题是其要解决的主要目标,而非单纯的建模。因此需要结合应用场景选择合理的算法。常用的大数据建模算法包括关联分析、聚类分析、分类算法(决策树)、时间序列算法、回归分析、神经网络算法等。

例如:针对消费人员的大数据建模,最常见的算法主要应用场景为:

消费者类型分类算法:聚类分析,分类分析;

购物车分析:相关性分析,聚类分析;

消费者购买力的预测:回归分析,时间序列分析;

消费者满意度调查:回归分析,聚类分析,分类分析等。

确定算法之后,需要再次检查变量是否符合算法的要求。如果没有,返回重新设置变量。如果是,将进行下一步。

(3)参数的设定

算法选定之后,需利用数据分析相关工具开展数据建模工作。针对不同类型的模型,需要进行参数的调整,例如聚类分析算法模型中的 K-means,首先需要将聚类的数量类别作为期望输出,其次还设定出起始的聚类中心点以及迭代次数的上限值。并且参数的值在接下来的测试中需要反复调整,选取最佳情况。

(4)加载算法与测试结果

算法是否能够有效地解决待解决的问题,需要在算法运行完毕之后,根据输出的结果来确定。例如,K-means 的结果若不够好,则可以考虑采用系统聚类算法来替换。另外,若回归模型的输出结果与预期不相符,同样可以考虑采用时间序列来解决。

如果不需要更改算法,则测试算法输出的结果是否有改进的余地。例如,聚类算法指定聚类结果包含 4 种类型的人，但发现其中两个特征非常接近，就可以调整参数，然后再试一次。

在不断调整参数和优化模型的过程中，模型的解释能力和实用性将不断提高。一旦模型能够满足目标的需求时，输出结果。一个报告，一些规则，一段代码，都可以是模型的输出。在输出之后，还需要接收来自公司业务人员的反馈，以查看模型是否解决了实际问题，若没解决，仍需再来一次。

大数据分析通过分析当前数据来预测未来的发展趋势以及未来的行为做出决策。大数据挖掘的主要目标及功能如下：

首先，自动预测发展趋势及行为。利用数据挖掘技术可以在大型数据库中自动查找并预测信息。以往的预测工作大都需要人工手动实现，而现在可以从数据本身快速直接地进行分析。例如，在禽流感数据分析的基础上，预测禽流感爆发的时间和地点。

其次，相关性分析。数据的关联性是一种可以在数据库中找到的重要关系。如果两个或者多个变量的值之间存在着某种规律，则称之为关联。关联分析的主要目的在于找到具有强相关性的几个属性。典型的案例是啤酒和尿布的相关性分析，相关性分析通常用于电子商务的产品推荐。

最后，聚类分析。在数据库中，可以将一些相似的记录进行归类，也就是聚类。聚类通常能够在对事物的再认识上起到一定作用。聚类分析常用于社交网络数据分析中。

经过最近几年的发展，大数据分析、大数据挖掘相关技术已经具备了一些成熟稳定的模型及其算法。常见的模型、算法包括关联规则算法（Apriori），决策树算法，神经网络算法，K-means 聚类分析，支持向量机，多元线性回归，广义线性回归，贝叶斯网络，Cox 和 K 近邻等。其中一些算法模型适用于预测趋势和行为，一些适用于关联分析，一些适用于聚类分析；每种模型算法都有各自的优缺点，我们可以针对大数据的不同场景选择合适的算法模型。

6.1.1 线性回归

回归分析是基于统计学的数据分析的方式，主要借助于统计学中定量分析与定性分析相结合的方法对问题进行研究。线性回归分析的作用为研究两个变量或多个变量之间是否相关，相关度如何的问题，是通过观测并试验采集到的数据，寻找其中隐含的统计关系，分析数据中的隐含规律，属于预测分析方法之一。

线性回归主要采用线性回归方程的最小平方函数对一个或者多个自变量以及因变量之间的联系而建立模型的回归分析。线性回归分析主要包括两种分析方法：一元线性回归分析以及多元线性回归分析方法。

一元线性回归分析主要用来预测样本数据所绘制的散点图是否形成一条直线，若绘制结果为一条直线，再反过来求出其回归公式，即为一元线性回归模型。该预测方法主要依据自变量的改变来估计因变量改变。

一元线性回归预测方法的基本思想为，根据最小二乘法得出的直线为各点到该直线的距离最短。

一元线性回归方程的实现主要可以划分为四个步骤：首先，确定一元线性回归模型中的两个变量；其次，计算回归方程，对方程采用多次拟合，使散点图趋向于一条直线；最后，计算自变量及因变量回归参数，对其进行显著检验，最后分析预测结果，检验模型的有效性。

一元线性回归分析主要是依据自变量及因变量之间的相关性，建立一元线性方程以进行预测。但现实中，对结果产生影响的，并不仅仅是一个因素，而是多个因素，因此，在使用一元线性回归分析前，应先对众多影响因素进行分析，寻找一个对结果的影响程度高于其他因素影响程度的，将其设定为自变量，建立分析模型。

当影响因素中无法确定一个主要影响因素时，则可以使用多元线性回归方法。

多元线性回归分析，主要是分析并研究两个或者多个自变量与因变量之间相关性问题，建立模型进行预测分析。当自变量与因变量之间的关系表现为线性关系时，那么则称为多元线性回归分析。多元线性回归可根据实际情况将多种因素设置为自变量，能够更加客观、真实地反映因素及结果之间的关系，具有更加广泛的应用。

然而在建立多元线性回归模型时，如何选取适宜的自变量非常重要，考虑到回归模型的实际预测效果，在选取自变量时主要考虑以下四个原则：

原则一：自变量对因变量有明显的影响作用，并显示为紧密的线性关系；

原则二：选取出来的自变量与因变量之间的线性关系必须是真实存在的；

原则三：自变量之间的相关性程度不能高于自变量与因变量之间的相关程度；

原则四：选取的自变量的相关数据要保证完整，才能使得预测结果准确。

6.1.2 非线性回归分析

利用数理统计方法建立因变量与自变量之间的回归方程的方法。

当回归模型中的因变量与自变量的关系不是一次函数关系时（因变量与自变量的关系为一次以上的函数关系），则回归定律以图形方式表示为不同形状的各种曲线，称为非线性回归。这类模型称为非线性回归模型。

遇到非线性回归问题可以采用数学手段将非线性回归问题转化为线性回归问题进行处理，实现方法主要分为针对可线性化问题及不可线性化问题。

若非线性回归模型可采用线性化处理，则其基本方法为通过变量变换将非线性回归转化为线性回归，然后通过线性回归的方式进行处理。假设输出变量和输入变量之间的非线性表达式已经根据理论或经验获得，但是该表达式的系数仍旧是未知的，并且系数的值是基于输入的 n 个观察值确定的。可以根据最小二乘原理计算得到其系数值，使用该方法得到的模型是非线性回归模型。

对实际科学研究中常遇到不可线性处理的非线性回归问题，提出了一种新的解决方法。该方法是基于回归问题的最小二乘法，在求误差平方和最小的极值问题上，应用了最优化方法中对无约束极值问题的一种数学解法——单纯形法。应用结果证明，这种非线性回归的方法算法比较简单，收敛效果和收敛速度都比较理想。

6.1.3 最小二乘法

所谓最小二乘法就是：选择参数 b_0，b_1，使得全部观测的残差平方和最小。用数学公式表示为：

$$\min \sum e_i^2 = \sum (Y_i - \hat{Y}_i)^2 = \sum (Y_i - b_0 - b_1 x_i)^2$$

为了说明这个方法，先解释一下最小二乘原理，以一元线性回归方程为例：

$$Y_i = B_0 + B_1 x_i + \mu_i \qquad （一元线性回归方程）$$

由于总体回归方程不能进行参数估计，我们只能对样本回归函数来估计，即：

$$Y_i = b_0 + b_0 x_1 + e_i (i=1, 2, \cdots, n)$$

从上面的公式可以看出：残差 e_i 是 Y_i 的真实值与估计值之差，估计总体回归函数最优方法是，选择 B_0, B_1 的估计量 b_0, b_1，使得残差 e_i 尽可能的小。

总之，最小二乘原理就是选择样本回归函数使得所有 Y 的估计值与真实值差的平方和为最小，这种确定 b_0, b_1 的方法叫做最小二乘法。

最小二乘法是回归分析中的最基本的方法。回归方程一般分为2类，线性回归方程和非线性回归方程。

（1）线性回归最小二乘法

最小二乘法是通过数据（此数据可以实验或者调查来获得）建立线性型公式常用的一种方法。为了建立线性型公式，求样本回归函数可以使用函数计算，方法有很多种，而在回归分析中，最小二乘法被广泛应用。

如果有一种精确的线性关系于存在于 x 和 y 之间，以 $y=ax+b$ 为例，就说观测值和回归值相等。但现实世界存在各种随机因素，它们会对变量造成各种各样的影响，这就造成很多事物之间并没某种确定的线性关系。例如父母的身高和子女的身高这种对应，事实上，父母长得高得子女也不一定高，父母长得矮的，子女也不一定矮。然而父母的身高和子女的身高也确实存在某种关系，但 $y=ax+b$ 又不能准确地描述这种关系，这时候我们就需要借助数学的工具来确定父母和子女身高之间的关系。遇到这种问题首先需要有真实可靠的数据，可以通过调查统计获得，其次需要将数据描绘出来，最后拟合一条曲线，让它尽最大可能接近已有的曲线，这样就能够将父母和子女身高之间的关系描述出来。最小二乘法最常用在解决类似问题的过程中。

（2）非线性回归最小二乘法

由上述可知现实世界中很多事物之间是非线性关系，而非线性回归也有很多种，其中指数方程（$Y = ab^x$）、抛物线方程（$Y = a + bX + cX^2$）经常用到。

现用一个通常的 $n(<m)$ 次多项式

$$p_n(x) = a_0 + a_1 x + \cdots + a_n x^n \tag{1}$$

去近似它一个已知的列表函数 $y_i=f(x_i)(i=0, 1, \cdots, m)$，那么应该怎样确定系数 $a_0, a_1, \cdots, a_n$ 才能使 $p_n(x)$ 最大程度地地近似列表函数 $f(x)$ 呢？根据最小二乘法，应该选择当

$$S(a_0, a_1, \cdots, a_n) = \sum_{i=0}^{m}(f(x_i) - p_n(x_i))^2 \tag{2}$$

取最小时的一组系数 $a_0, a_1, \cdots, a_n$。不难看出 S 是二次多项式，非负，因此一定存在最小值。那么我们就可以求 S 的偏导数，令偏导数等于零，即得

$$\sum_{i=0}^{m}(y_i - a_0 - a_1 x_i - \cdots - a_n x_i^n) x_i^k = 0 \quad (k = 0, 1, \cdots, n)$$

变形可得

$$\sum_{i=0}^{m} y_i x_i^k = a_0 \sum_{i=0}^{m} x_i^k + a_1 \sum_{i=0}^{m} x_i^{k+1} + \cdots + a_n \sum_{i=0}^{m} x_i^{k+n} \quad (k = 0, 1, \cdots, n)$$

为了叙述方便，记：

$$s_k = \sum_{i=0}^{m} x_i^k \text{ 和 } u_k = \sum_{i=0}^{m} y_i x_i^k$$

整理可得上述方程组为

$$\begin{cases} s_0 a_0 + s_1 a_1 + \cdots + s_n a_n = u_0, \\ s_1 a_0 + s_2 a_1 + \cdots + s_{n+1} a_n = u_1, \\ \quad\quad\quad\quad\quad \vdots \\ s_n a_0 + s_{n+1} a_1 + \cdots + s_{2n} a_n = u_n \end{cases} \tag{3}$$

写出此方程组的系数行列式

$$X_{n+1} = \begin{vmatrix} s_0 & s_1 & \cdots & s_n \\ s_1 & s_2 & \cdots & s_{n+1} \\ \vdots & \vdots & & \vdots \\ s_n & s_{n+1} & \cdots & s_{2n} \end{vmatrix}.$$

根据行列式性质和 $s_i(i=0,1,\cdots,2n)$ 的定义，易知

$$X_{n+1} = \frac{1}{(n+1)!}\sum\left(W\left(\xi_0,\xi_1,\cdots,\xi_n\right)\right)^2 \qquad (4)$$

此处 $\sum$ 是对所有可能的 $\xi_i(i=0,1,\cdots,n)$ 求和，W 表示 Vandermonde 行列式。根据 Vandermonde 行列式的性质和（4）式可知，当 $x_0,x_1,\cdots,x_m$ 互异时，

$$W\left(\xi_0,\xi_1,\cdots,\xi_n\right) = \begin{vmatrix} 1 & 1 & \cdots & 1 \\ \xi_0 & \xi_1 & \cdots & \xi_n \\ \xi_0^2 & \xi_1^2 & \cdots & \xi_n^2 \\ \vdots & \vdots & & \vdots \\ \xi_0^n & \xi_1^n & \cdots & \xi_n^n \end{vmatrix} \neq 0$$

从而得出 $X_{n+1} \neq 0(>0)$ 方程组（3）的唯一解 $a_0,a_1,\cdots,a_n$，这一组解使（2）取极小值。综上所述通过最小二乘法求解出了 $f(x)$ 的近似多项式 $p_n(x)$。

最小二乘法在应用过程中，所有的 x_i 在（2）式中起到的作用基本相同，但有些时候考虑实际因素，比如有些 x_i 是由操作相当熟练的人员或者精度极高的仪器获得的，就相对的给予较大的信任，也就是有时候会依据某种理由认为 $\sum$ 中某些项对整体的影响会更大一些，即每个 x_i 在整个式子中起到的作用并不是完全相等的。上述情况在数学上表示为

$$\sum_{i=0}^{m}\rho_i\left(f(x_i)-p_n(x_i)\right)^2 \qquad (5)$$

代替和（2）取最小值. $\rho_i > 0$，且 $\sum_{i=1}^{n}\rho_i = 1$，ρ_i 并称之为权；称（5）为加权和。

在用 $p_n(x) = a_0 + a_1 x + \cdots + a_n x^n$ 近似一个给定的列表函数，即一组观测值 $y_i = f(x_i)$ 时，需要确定参数 $a_0,a_1,\cdots,a_n$；$p_n(x)$ 就可以看成是 $a_0,a_1,\cdots,a_n$ 的线性函数。但是并不是对所有的实验或者观测数据都可以求得上述的待定参数和确定的函数，也就是说实验对象不一定总是具有某种线性形式的关系。但仍然可以通过变量替换来将其线性化，从而解决非线性问题。

已知针对线性方程组可以用最小二乘法原理求解，同理，针对非线性问题，只要将非线性问题线性化，非线性问题也就迎刃而解了。下面就线性化问题举

例说明：

（i）针对有些问题，函数

$$s = pt^q \tag{6}$$

可以较好地描述一组观测数据，p 和 q 是两个未知参数，显然，函数 s 与参数 p 和 q 并不是线性关系。将其线性化，可以对(6)式两端同时取对数，得

$$\ln s = \ln p + q \ln t$$

记 $\ln s = y, \ln p = a_0, a_1 = q, x = \ln t$，(6) 式变为

$$y = a_0 + a_1 x$$

这时，就将其转化为了一个一次多项式，然后就可以用最小二乘法求解它的系数 a_0 和 a_1。

（ii）除此以外，还有某些给定的列表函数可以用

$$S = A e^{Ct} \tag{7}$$

去近似，(7) 式中 A、C 是两个未知参数，类似的，对等式两边同时取对数：

$$\ln S = \ln A + Ct$$

变量替换，令 $\ln S = y, \ln A = a_0, C_1 = a_1, x = t$，则(7)式变成

$$y = a_0 + a_1 x$$

然后同样就可以用最小二乘法求解 a_0, a_1，自然原式中两待定参数 A、C 即得。进而解出近似函数

$$S = A e^{Ct}$$

接下来总结几种常用的方法，可以将非线性化问题线性化。对直线型、指数曲线型和抛物线型的方程利用最小二乘法的原理估计参数：

1）直线型

$$Y = a + bX$$

令 $\sum(Y-C)^2 = \sum(a+bX-C)^2$ 为最小值，分别对 a 和 b 求偏导数，并令导数等于 0，对方程组求解，就能得到参数：

$$\begin{cases} a = \overline{Y} - b\overline{X} \\ b = \dfrac{n\sum X \cdot Y - \sum X \cdot \sum Y}{n\sum X^2 - (\sum X)^2} \end{cases}$$

2) 指数曲线型

$$Y = ab^X$$

对等式两边同时取对数，就可以将其转化为直线形式

$$\lg Y = \lg a + X \lg b$$

根据前面的知识，用最小二乘法求解两个参数 a, b，可得如下方程组

$$\begin{cases} \sum \lg Y = n \lg a + \lg b \cdot \sum X \\ \sum (X \cdot \lg Y) = \lg a \cdot \sum X + \lg b \cdot \sum X^2 \end{cases}$$

通过此方程组可以直接解出两个参数的对数值，进而求得参数本身。

3) 抛物线型

$$Y = a + bX + cX^2$$

令 $\sum(Y-C)^2 = \sum(a+bX-C)^2$ 为最小值，分别为 a、b、c 求偏导数，并令导数等于 0，对方程组求解，就可得到：

$$\begin{cases} \sum Y - na - b\sum X - c\sum X^2 = 0 \\ \sum Y \cdot X^2 - a\sum X - b\sum X^2 - c\sum X^3 = 0 \\ \sum YX^2 - a\sum X^2 - b\sum X^3 - c\sum X^4 = 0 \end{cases}$$

最小二乘法是求解最优化问题中一种有效且方便的方法，最小二乘法是从误差拟合角度对回归模型进行参数估计或系统辨识，并应用在其它众多领域。

6.1.4 主成分分析法

主成分分析是由 Pearson 于 1902 年提出，后在 1933 年被 Hotelling 进行了发展。主成分分析方法主要是指在对同一个体进行分析观察时，会产生众多相关的随机变量，而这些随机变量之间具有一定的相关性，使得后续的研究较为困难。因此，为了简化研究过程及研究对象，将从众多随机变量中综合概括出一个综合指标，且该综合指标能够代表研究对象某一个方面的特性。而这些指标除了真实、有效之外，还必须具备各自的特点，要能够充分体现不同个体之间的差异，并且一项指标在不同个体之间具备的差异性越大越好，因此，寻找这些指标的方法是将原有的 p 个指标进行线性组合，并将线性组合后的指标作为综合指标，并计算其方差，方差大小能够表明线性组合所涵盖的信息的多少，根据方差的大小，将线性组合指标划分为第一主成分、第二主成分、第三主成

分……第 p 主成分，并且各个主成分之间要相互独立。

从根本上分析可知，主成分分析实际上是一种空间映射方法，其通过矩阵变换操作将常规正交坐标系中的变量映射到另一个正交坐标系中去。此映射的主要目的是减少这些变量之间的线性相关性。主成分分析是一种多元统计分析方法，它经过线性变换将多个变量转换为较少且重要的变量。它的思想是用一组新的互不相关的综合指标替换原来的众多且具有一定相关性的指标，可以综合反应出原始变量所包含的主要信息。

主成分分析算法的实现步骤：

（1）主成分分析之前，首先要实现数据的标准化，并根据主成分方法将标准化之后的数据进行分析。数据标准化主要是针对统计得到的数据进行指数化。数据标准化包括数据无量纲化的处理以及同趋化处理两方面。数据的同趋化处理主要是指将性质不同的指标数据转化为对测评方案具有同趋化作用力的新指标的数据。数据无量纲化处理指的是将不同量纲的原始数据转化为无量纲的新指标数据，使其具备可比性。数据标准化的方法有很多，其中经常用的方法主要有"Z-score 标准化"方法、"按小数定标标准化"方法以及"最大-最小标准化"方等方法。完成数据的标准化处理之后，就能将原始数据转换为无量纲数据，并且由此转化而来的各项指标和新的指标数据是同数量级别的，因此我们也能据此进行综合的测评分析。

假设原始数据为：

$$X = \begin{bmatrix} x_{11} & x_{12} & \cdots & x_{1p} \\ x_{21} & x_{22} & \cdots & x_{2p} \\ \vdots & \vdots & & \vdots \\ x_{n1} & x_{n2} & \cdots & x_{np} \end{bmatrix}$$

标准化后为：

$$A = \begin{bmatrix} a_{11} & a_{12} & \cdots & a_{1p} \\ a_{21} & a_{22} & \cdots & a_{2p} \\ \vdots & \vdots & & \vdots \\ a_{n1} & a_{n2} & \cdots & a_{np} \end{bmatrix}$$

标准化后的数据平均值为0,标准差为1。

其中,$a_{ij} = (x_{ij} - \bar{x}_j) / \sqrt{\frac{1}{n}(x_{ij} - \bar{x}_j)^2}, i = 1,2,\cdots,n; \bar{x}_j = \frac{1}{n}\sum_{i=1}^{n} x_{ij}, j = 1,2,\cdots,p$。

(2)根据标准化后的指标数据计算相关矩阵:

$$\boldsymbol{R} = \begin{bmatrix} r_{11} & r_{12} & \cdots & r_{1p} \\ r_{21} & r_{22} & \cdots & r_{2p} \\ \vdots & \vdots & & \vdots \\ r_{p1} & r_{p2} & \cdots & r_{pp} \end{bmatrix}$$

其中,$r_{jk} = \sum_{i=1}^{n}(a_{ij} - \bar{a}_j)(a_{ik} - \bar{a}_k) / \sqrt{\sum_{i=1}^{n}(a_{ij} - \bar{a}_j)^2 \sum_{i=1}^{n}(a_{ik} - \bar{a}_k)^2}$,$i = 1,2,\cdots,n$,

$j,k = 1,2,\cdots,p$,而 $\bar{a}_j = \frac{1}{n}\sum_{i=1}^{n} a_{ij}$。

(3)接下来计算相关矩阵的特征向量以及特征值:根据 $|\boldsymbol{R} - \lambda_j \boldsymbol{E}| = 0$,$j = 1,2,\cdots,p$,获取特征值 λ_j,$j = 1,2,\cdots,p$,其中 $\boldsymbol{E}$ 为单位矩阵;依据 $(\boldsymbol{R} - \lambda_j \boldsymbol{E})u_k = 0$,$j,k = 1,2,\cdots,p$ 获取特征向量 $\boldsymbol{k}$ 其中 $k = 1,2,\cdots,p$,而 λ_j,$j = 1,2,\cdots,p$ 是之前计算得到的特征值。

(4)计算主成分。将上式中计算出的特征值根据由大到小进行排序,使得 $\lambda_1 > \lambda_2 > \cdots > \lambda_p$,根据 $\sum_{i=1}^{k}\lambda_i / \sum_{i=1}^{p}\lambda_i \geqslant 85\%$ 的原则确定其主成分的数目 k,由特征值的排列顺序以及特征向量 $u_1, u_2, \cdots, u_k$ 相对应,接下来根据前面确定的主要成分的数目 k 的值,确定所选特征向量,并将原来 p 个标准化之后的指标数据以及特征向量相乘得到 k 个综合主成分指标的数据:

$$\begin{bmatrix} a_{11} & a_{12} & \cdots & a_{1p} \\ a_{21} & a_{22} & \cdots & a_{2p} \\ \vdots & \vdots & & \vdots \\ a_{n1} & a_{n2} & \cdots & a_{np} \end{bmatrix} \times \begin{bmatrix} \boldsymbol{u}_1 & \boldsymbol{u}_2 & \cdots & \boldsymbol{u}_k \end{bmatrix}$$

（5）计算综合得分。将上面计算出的 k 个综合主成分指标数据与之前所计算的对应成分的贡献率相乘，求和，得到综合得分。

主成分分析法的作用主要体现在，原始变量之间具备一定的线性相关性，经过处理之后数据之间实现了相互独立。如果将变量作为分类的特征，那么主成分分析法起到了一种特征重建的作用；根据最终的表达式分析，主成分是根据原始的变量线性组合而成的，且主成分之间是相互独立的，由此可见，主成分分析法可用来进行聚类，从主成分分析求解的过程说明，该方法还适用于数据降维。

6.1.5 K-means 算法

将聚类个数 k 以及包含 n 个数据对象的数据库输入，根据 K-means 聚类算法这种基于质心的划分方法将输出满足方差最小标准的 k 个聚类。

聚类分析属于数据挖掘的一个分支，是目前非常热门的一个研究手段和方法，常被用于数据的划分或者数据的分组。聚类无论是在商务领域，还是在生物学、Web 文档分类、图像处理等其他领域都得到了有效的应用。聚类有多种方法，而目前常用的，可以划分为几个类别，包括层次方法、密度方法、网格方法以及模型方法等。

（1）K-means 聚类算法中目标函数的计算

如果一个已知的数据集共包含 n 个 d 维度数据点 $X=\{x_1,x_2,\cdots,x_i,\cdots,x_n\}$，其中 $x_i \in R^d$，假设 K 为将要生成的数据子集的数量，那么 K-means 算法可以根据数据对象对其进行 K 个划分 $C=\{c_k, i=1,2,\cdots,K\}$。每个类别可使用一个划分来表示 c_k，并且每个类别 c_k 均具有一个类别中心 μ_i。其相似性根据距离来进行判断，使用欧氏距离作为判断依据，即计算该类别内各个点到类别中心的距离的平方和。

$$J(c_k) = \sum_{x_i \in C_i} \|x_i - \mu_k\|^2 \tag{1}$$

聚类分析的目标为各类别的总距离平方和 $J(C)=\sum_{k=1}^{K} J(c_k)$ 达到最小。

$$J(C) = \sum_{k=1}^{K} J(c_k) = \sum_{k=1}^{K} \sum_{x_i \in C_i} \|x_i - \mu_k\|^2 = \sum_{k=1}^{K} \sum_{i=1}^{n} d_{ki} \|x_i - \mu_k\|^2 \tag{2}$$

其中，$d_{ki} = \begin{cases} 1 & \text{若} x_i \in c_i \\ 0 & \text{若} x_i \notin c_i \end{cases}$，依据最小二乘法计算方法以及拉格朗日原理，可推算出聚类中心即类别中心 μ_k 应选择类别 c_k 中各个数据点的平均值。

K-means 算法的主要思想是由初始的 K 个类别进行划分，进而将各个数据点分别分派到各个类别中，使得总距离的平方和减小。在 k 均值算法中，总的平方和是会随着类别即簇的数量的增加而减小的。因此，总的平方和的最小值只能在 k 值确定之后再进行计算。

（2）K-means 算法的具体实现步骤

K-means 的计算过程为反复迭代的过程，其最终目的是计算一个最小的距离的平方之和。该距离为聚类的类别中所有样本与类别中心之间的距离。算法实现的步骤可分为以下四步：

1）设置 K 个类别中心的初值。该中心值的选取方式主要使用随机选取的方法，除此之外，还可采用启发式的选取办法。K-means 方法得到的结果不一定能够实现全局最优，最终是否能实现全局最优与初始值的设定有较大关系，因此常用方法为多次设定取最好，即设置多个初始值进行计算，选取结果最好的一次。

2）将每个数据点归类到离它最近的那个中心点所代表的 cluster 中。

2）针对每个数据点进行计算，并将其归类为与它最近的类别中心所代表的类（cluster）中。

3）将数据点纳入类别后根据公式推算每个类别（cluster）的新的中心。

4）反复执行第二个步骤，直到迭代次数达到最大或两次相邻结果的差值小于设定的阈值即结束。

K 均值算法的主要思想为尝试寻找最小的距离的平方和，它是一种将最小化误差准则的聚类。当潜在的簇是凸的时，簇和簇之间的差异是显而易见的，并且若簇的大小是相似的，那么聚类可以得到较为理想的结果。如前面所描述的，算法的时间复杂度与样本的数量多少是呈线性相关的。因此，在处理较大的数据集时，该算法非常有效并且具有良好的可扩展性。然而，除了确定簇数 K 之外，对初始簇中心的选取也是敏感的，另外，该算法通常以得到局部最优解作为结束，并且对"噪声"和孤立点敏感。该方法不适用于寻找非凸形状簇以及大小差异比较大的簇。

（3）K 值的设定

K-means 算法的第一个步骤就是设定 K 个初始类中心，其中 K 是人为设定的数值，即所需的簇数。但这样设置需要首先清楚数据集中包含多少个类别，然而实际情况是数据的分布在初始时是不清楚的。因此，数据分布的计算需要通过聚类来实现，这就陷入了先有鸡还是先有蛋的矛盾中。那么，如何设定 k 值，可以使用如下三种方法：

1）与层次聚类进行结合的方法

在众多的聚类方法中，若先依据层次凝聚方法计算出较宽泛的数值，进而计算聚类结果，接下来进行反复迭代来改进聚类效果，这样的方法往往能取得较好的效果。

2）稳定性的计算方法

使用稳定性方法进行计算，将会对同一个数据集采样两次，从而产生两个数据子集。接下来使用相同的聚类算法对上述数据进行计算，那么将会产生两个不同的聚类结果，每个结果都包含 K 个聚类，同时还可以计算两个结果相似度的分布情况。当其相似度非常高时则充分说明该结果能够反映其聚类结构的稳定性，该相似值能够用来计算聚类的个数。使用上述方法进行多次尝试，确定理想的 K 值。

3）系统演化的计算方法

系统演化的计算方法可以将数据集等同于一个热力学系统，当用户将数据划分为 K 个类别时，则相当于该热力学系统包含有 K 个不同状态。那么系统将可以从 $K=1$ 这个初始状态出发，历经分裂及合并等步骤，逐渐达到一个稳定的状态，称之为 K_i。因此聚类的结构将会决定该最优值 K_i。系统演化的计算方法能够计算不同类别之间的边界距离值以及可分离的程度。这种方法更适合于能够分离开的数据集以及具有轻微重叠的数据集。

在 21 世纪的今天，聚类经常使用在生活的各个方面，聚类算法能够帮助专业人员从市场的销售数据中对消费者进行分类，并分析获得每个类别的消费者具有哪些消费习惯。聚类分析可以作为数据挖掘中的一个环节，重点概括数据库中每一类数据的特点，同时，聚类分析还可以做为数据挖掘中相对于其他挖掘算法的数据预处理。

6.1.6 决策树算法

目前的分类应用中使用的模型有很多种，其中最为广泛的模型便是决策树算法。相较于贝叶斯算法或者神经网络算法，决策树需要的时间少，也无需大量的迭代来做模型训练，更适用于规模大的数据集，只需要训练中的数据信息，很好地体现了分类精确度。测试属性选择的策略和对决策树进行剪枝是决策树解决的核心问题。为了扩展决策树算法的应用范围，所用到的关键技术主要有连续属性离散化，将高维大规模数据进行降维。

决策树，顾名思义，其结构就像是一棵树。利用树的结构对不同的数据记录做出分类，用树的一个叶子来代表某个一个具有条件的记录集，依据记录字段的不同取值进行树的分支的建立；在分支子集中继续建立下层结点和新的分支，然后形成一棵决策树。

决策树学习算法是一种基于实例的归纳学习算法，常用于形成分类器还有模型预测，由树的生成和树的剪枝两部分组成。其用途有对未知数据的分类和预测、数据的预处理以及数据挖掘等等。

1. 决策树描述

属性集合和属性是决策树的内部结点，学习之后划分出的类是叶结点，测试属性也是内结点的属性。通过训练一批训练实例集得到一颗决策树，便可利用该决策树以属性值为依据对未知的实例集进行分类。从树根开始依次测试对象的属性值，然后顺着分支往下走，直到找到一个可以代表该对象的类的叶结点的过程便是决策树对实例分类。

决策树的结构就像一颗树的结构，它可以做到自动对数据分类，该结构将知识表示直接转换成决策规则，决策树可以说是一棵树的形状的预测模型，树的根节点用来代表数据集合空间，一个分节点代表一个分裂问题，主要用于单一变量的测试，结果是将数据集合空间分割成两块或者更多块空间，叶结点是带有分类的数据分割。决策树也可以叫做特殊的规则集，规则的层次组织关系是其主要特征。在学习属性类型是离散型变量时常用决策树算法。如果需要对连续型变量进行学习，必须事先进行数据的离散化。表 6-1 展示了决策树和自然树之间的对应关系还有分类问题中所代表的含义。

表6-1 决策树和自然树之间的对应关系

自然树	对应的决策树的意义	分类问题中所表示的意义
树根	对应决策树的根节点	训练实例的数据集空间
杈	对应内（非叶）结点、决策结点	待分类对象属性（集合）
树枝	对应的是分支	属性的可能值
叶子	对应叶结点、状态结点	数据分割（分类结果）

2.决策树的类型

决策树内部节点的测试属性可以是单变量的，也可以是多变量的。单变量就是每个内部节点只有一个属性；多变量就是包含多个属性值的内部节点。

测试属性的属性值个数决定了内结点的分支个数，可以有两个或者多个分支。将只有两个分支的内结点称为二叉决策树。

每个属性的类型有多种，可以是值或者枚举类型。

分类之后的结果可能是两类也可能是多类，将那些只能有两类结果的二叉决策树称为布尔决策树。析取范式方法可以很容易的表示布尔决策树，并且学习析取概念是决策树学习中最自然的情况。

3.递归方式

决策树学习主要采用的是自上而下的递归方式，比较决策树的内结点属性值，根据不同的属性值找出从该结点向下的分支，在决策树叶结点得出结论。从根结点到叶结点的一条路径对应了一条合取规则，整个决策树就对应了一组析取规则。生成树之后再对该树进行剪枝，然后得到一颗决策树。这就是决策树生成算法的两个步骤。生成树时将所有的数据放在根节点，递归进行数据分片。修剪树时删除那些有可能是噪声或者异常的数据。最后是决策树的停止分割，当处于同一结点的数据均为同一类别或者是没有可再用于进行数分割的属性时就可以停止分割了。

4.决策树的构造算法

训练集 T 常用来完成决策树算法的构造，其中训练集 $T=\{\langle x, c_j \rangle\}$，一个训练实例 $x=(a_1, a_2, \cdots, a_n)$，具有 n 个属性值，列于属性表（$A_1, A_2, \cdots, A_n$）中，a_i 代表属性 A_i 的值。$C_j \in C=\{C_1, C_2, \cdots, C_m\}$ 代表实例 X 的分类结果。算

法的构造分为以下几步：

（1）从属性表中的所有属性中选择一个属性 A_i，作为分类属性；

（2）若属性 A_i 的取值有 K_i 个，则将 T 划分为 K_i 个子集 T_1，…，T_{K_i}，其中 $T_{ij} = \{\langle x, C \rangle | \langle x, c \rangle\} \in T$，且 X 的属性取值 A 为第 K_i 个值；

（3）将属性 A_i 从属性表中删除；

（4）对于每一个 T_{ij}（$1 \leq j \leq K_i$），都令 $T = T_{ij}$；

（5）属性表不为空，则返回（1），否则输出。

ID3、C4.5、CART 和 SLIQ 等方法是现在常用的决策树方法。

5.决策树的简化

过于复杂的决策树会消耗大量的存储空间，所以进行决策树学习时决策树越简单越好。过多的决策树的结点容易导致单一结点包含的实例个数减少，然后那些用于支持结点假设的实例数也会减少，容易增大学习的错误率，用户难以理解，最后使得分类器的构造在很大程度上是没有意义的。而实践也表明，假设越简单，反映出的事物关系越清晰。所以对决策树进行简化是决策树学习中必不可少的。

可以通过树规模控制、测试空间更换、测试属性修改、数据结构更改、数据库约束等方法来实现决策树的简化。

预剪枝和后剪枝算法以及增量树方法是常用的控制树规模的方法，在决策树的单一叶节点均达到属于同一类之前就做到停止树的扩张，并根据具体的研究内容来确定停止时间就是预剪枝算法。例如通过限定决策树高度或者计算树的扩张对系统性能的增益，当决策树到达该规定高度或规定值之后便停止扩张。用增长集先生成一颗未剪枝的树，然后对该树进行修剪，将得到的结果作为输入，最后利用修剪集做出选择，选择最好的规则进行输出，这一过程便是后剪枝算法。

计算量相对较小、能够生成易理解的规划、高精度、建立快速、支持连续值和离散值属性的处理、清晰的展示重要属性等是基于决策树的学习算法所具有的优点。在学习的过程中，对使用者的知识要求不高，无需理解很多的背景知识，只要做到可以通过训练例子并使用属性结论式的方法表现出来就可以了。

6.1.7 ID3 算法

信息熵是一种度量平均值,用于度量对被传送的信息,也就是信息论中所说的平均信息量。有限数目的,互斥并联合完备事件是信源中主要传送的信息,这些事件的出现有一定概率,用数学语言进行表示就是:一组事件 $X_1,\cdots,X_r$,每个事件出现有一定的概率:$p(X_1),\cdots,p(X_r)$,信息熵就是其平均值 $H(X)$,其值为单个事件的(自)信息量 $I(X)$ 的数学期望,即:

$$H(X) = -\sum_{r=1}^{r} p(X_i)I(X_i) = -\sum_{r=1}^{r} p(X_i)\log p(X_i)$$

通常以信息熵的下降速度作为传统 ID3 学习中测试属性的选取标准,以属性集的值作为实例类别的选取标准。算法的核心是在决策树的各级节点上进行属性的选择,为了使每一非叶结点的测试都可以获得有关被测实例的最大类别信息,决策树选择属性的标准是信息增益。将该属性用于实例集的分割,信息熵的值最小,此叶结点到各个后代叶结点的最短平均路径是期望,生成平均深度较小的决策树。训练例集的目标分类决定了熵值的大小,目标分类模糊,杂乱无序的熵值高;反之熵越低,ID3 算法采用的主要原则是:属性的信息增益越大,对训练例子的分类越有益。根据这一原则,算法的每步都会在属性表中选出可以进行最佳分类的属性。由于使用一个属性进行样例分割而造成的系统熵的降低就是属性的信息赢取,ID3 算法的关键就是对不同属性的信息增益进行计算并做出比较。

ID3 算法的主要步骤:

(1)在完整的训练实例集 X 中选取一个随机子集 $X1$,其规模为 W(其中 W 为窗口规模,子集为窗口);

(2)以得到最小信息熵为标准,进行测试属性的选取,生成当前子集的决策树;

(3)对全部训练实例进行顺序扫描,查找当前决策树是否存在例外,若不存在,则训练结束。

(4)将当前子集的一些训练实例和(3)中找到的例外进行组合,得到新的自己,然后转(2)。

两类分类问题是 *ID3* 算法的基本原理,可用数学模型描述为:假设有

$E = F_1 \times F_2 \times \cdots \times F_n$，一个 n 维有穷向量空间，F_j 是有穷离散符号集，E 中元素 $e=<V_1, V_2, \cdots, V_n>$ 称为实例，其中 $V_j \in F_j$，$j=1,2,\cdots,n$。取 E 和 F 中的两个实例集记为 P 和 N，命名为正例集和反例集。假设空间 E 中正例集 PE 的大小为 P，反例集 NE 的大小为 N，基于以下两个假设的 ID3：

假设 1：如果一颗正确的决策树处于向量空间 E 中，那么其任意实例的分类概率与 E 中正、反例的概率相同。

假设 2：如果一棵决策树可以对实例作出正确的类别判断，那么原集合 E 的熵为：

$$E(E) = -\frac{P}{P+N}\log\frac{P}{P+N} - \frac{N}{P+N}\log\frac{N}{P+N}$$

用属性 A 做决策树的根，A 属性可取 v 个值（V_1、$V_2\cdots V_v$），将 E 分为 v 个子集（$E_1, E_2, \cdots, E_v$），假设 E_i 中包含正例 P_i 个，反例 N_i 个，那么子集 E_i 的信息熵为 $E(E_i)$：

$$E(E_i) = -\frac{P_i}{P_i+N_i}\log\frac{P_i}{P_i+N_i} - \frac{N_i}{P_i+N_i}\log\frac{N_i}{P_i+N_i}$$

以属性 A 为根进行分类后的信息熵（以 A 分类的期望值）为 $E(A)$：

$$E(A) = \sum_{r=1}^{v}\frac{P_i+N_i}{P+N}E(E_i)$$

所以，以属性 A 为根的信息赢取 $I(A)$ 是：

$$I(A) = E(E) - E(A)$$

ID3 选择属性 A 作为根结点，得到最大的 $I(A)$（即最小的 $E(A)$）。递归调用以上方法在 A 的 v 个取值对应的 E 的 v 个子集 E_i 上，然后生成 $B_1, B_2, \cdots, B_v$ 作为 A 的子节点。

ID3 的基本原理是建立在两类分类问题的基础上的，但也很容易扩展到多类上。假设样本集 S 一共包含 C 类样本，每类样本的样本数为 P_i，($i=1, 2, 3, \cdots, c$)。继续将属性 A 作为决策树的根，A 具有 v 个值 V_1，$V_2, \cdots, V_v$，它将 E 分成 v 个子集 $[E_1, E_2, \cdots, E_v]$，假设 E_i 中含有 j 类样本的个数为 P_{ij}

=1，2，…，c，那么子集 E_i 的信息量是 $E(E_i)$ 为：

$$E(E_i) = -\sum_{j=1}^{c} \frac{P_{ij}}{|E_i|} \log \frac{P_{ij}}{|E_i|}$$

以 A 为根分类的信息熵为：

$$E(A) = \sum_{i=1}^{v} \frac{|E_i|}{|E|} E(E_i)$$

选择属性 A 使公式 6 中 $E(A)$ 最小，信息赢取也会变大。

ID3 算法是采用自顶向下、分而治之方法的归纳过程。

通过计算信息增益对决策树的各级结点的分裂属性进行选择，以便获得关于每个非叶结点测试样本的最大类别信息是算法的核心问题。具体方法是：先检测全部属性，从中选出信息增益最大的属性用于决策树结点的生成，然后将该属性的不同取值作为树的分支，递归调用上述方法依次对各分支进行树节点分支的建立，直到所有子集均为同类数据结束。可以利用最后得到的这颗决策树对新的样本进行分类。

6.1.8 神经网络算法

预测算法中最常用的便是神经网络算法，其主要思想为模拟人类大脑中神经元、神经突出等工作方式，构建神经结构，对事物特征、关联进行分析，寻找事物之间的隐含关系，实现预测。神经网络具有抽象性强、适用性强等特点。神经网络算法的实现需要经过模型建立、模型训练、模型应用等阶段。

人工神经网络(Artificial Neural Networks，ANNs)是一种非线性的复杂的网络系统，由大量与生物神经元相似的处理单元拼接而成。了解生物神经网络，然后建立与之对应的数学模型，加入一定的算法指导，完成大部分的生物神经网络的智能行为的模拟便是人工神经网络的基本思想，以此来突破传统算法在智能信息处理方面的局限。神经网络可以用于对认知、决策还有控制等智能行为的描述，为并行处理巨量信息和大规模的并行计算提供了基础。神经网络不单是高度非线性动力学系统，还是自组织适应系统。

人工神经网络已经在图像和语音处理、智能控制、优化计算等领域得到了广泛的应用，也取得了一定的成就，主要特点有：

高速处理信息：将大量的神经元进行连接形成的神经网络具有很强的并行处理能力。

大容量的知识存储：在神经网络中，神经元之间的分布物理联系表现了知识和信息存储。它可以分散地表示并存储在整个网络内的各神经元及其连线上。单个神经元及其连线只可以表示出部分信息，并不是完整具体的概念。想要表达出特定的概念和知识则需要通过各神经元之间的分布式综合效果。

能够正确地处理不确定性信息：神经网络拥有众多的神经元和存储着巨大信息的网络，所以其对不确定信息的处理能力很强。只要输入的是接近于训练样本的模式，即使输入的是不准确、不完备或者是模糊不清的信息，神经网络仍可以通过联想思维，查找出记忆中存在的完整事物图像，进而给出正确的推理和结论。

强大健壮性：由于神经网络具有独特的结构特点和分布式信息存储，所以相较于专家系统等其他识别系统，健壮性是神经网络的一个显著的强势。就像生物神经网络的个别神经元遭受损失，不会影响原有的记忆模式一样，人工神经网络如果出现硬件实现或者软件实现中的神经元失效的问题，不会影响整个网络的工作。

高度非线性的系统：现行的计算机都是基于线性问题的实现，而神经网络是非线性的。限定一个阈值，神经元综合处理全部输入信号后，如果结果超过该阈值就会输出信号。高度非线性的系统使得神经网络突破了传统的线性处理的局限，使智能信息处理和模拟人脑的智能行为做的更好。

强大的自适应自学习功能：接受了训练和学习的神经网络拥有了获取网络权值和网络结构的能力，表现出了强大的独立学习能力和对不同环境的适应能力。

人工神经网络是一个非线性动态系统，具有很强的自适应能力，是由大量的神经元（neuron）互相连接组成的。其基本处理单元是神经元，一般是多对一的输入输出。

其中，X_i 代表第 i 个神经元输入的信号，W_i 表示相对应的突触强度或是联结权值，$f(\bullet)$ 为激励函数，作用于前面的加权和，O 为实际输出。

阈值函数、分段线性函数和 S 型函数是三种常用的激励函数，阈值函数作为激励函数是神经元的输出值为 1 或 0，结果对应神经元的兴奋状和抑制状态；分段线性函数可以说是一个非线性放大器。除此之外，人们还在研究其他如广义同余函数，争取可以用作新的激励函数。

到目前为止，人们已经提出了上百种人工神经网络模型，学习算法更是层出不穷。但是，具有研究价值的只有十几种，对生物神经系统不同层次做出全方位的描述和模拟。

从结构上可以将网络划分为两种：多层前向网络和动态递归网络。发展最迅速、应用最广的一种人工神经网络便是前向神经网络。多层前向网络中的 BP 网络是神经网络中应用最广泛、最典型的一种网络模型。在实际的应用中，绝大多数的人工神经网络模型采用的是 BP 前向网络及其变换形式。

以学习的方式不同进行划分：可分为有导师（有监督）和无导师（无监督）学习。对给定的输入都有一个输出结果与之对应，将该输入-输出数据作为训练数据。以训练数据作为输入输出的依据调节网络本身的权重，得到符合实际的输出的网络输出，这种学习方式称为有导师学习。通过学习不断进行权重的调整，得到较小的网络输出和实际输出的误差。在无监督学习过程中，输入的数据不需要规定的输出数据。网络只需检查输入数据的规律或趋向，权值的调整利用的是网络自身的功能，进而做到网络对同类模式的自动分类。

6.1.9 BP 网络模型

BP 算法即误差反向传播算法（Error Back Propagation，EBP）。输出层的误差已知，利用该误差对其直接前导层的误差进行估计，再利用得到的误差对更前一层的误差进行估计。一层一层的进行估计，最后得到所有层的误差估计。过程中做的就是将输出端误差沿着输入信号传送的反方向重新传送到输入端。因此该算法形象的被称为向后传播算法，简称 BP 算法。在多层前向网络中使用到此算法的网络就是 BP 网络。1974 年 Werbos 提出了该反向传播的学习理论，用于网络权值的训练，1985 年 Rumelhart 等人将其发展为 BP 算法。利用最速下降法对网络权值进行修正是算法的本质。随着误差的向后传播，误差估计的精度逐渐下降。即便如此，该算法仍然是多层网络训练中的有效方法，也受到了广泛的关注。

  BP 网络是一种多层前向网络，其特征是按误差反向传播。目前大多数的神经网络模型都是采用该网络。BP 网络无需提前揭示描述映射关系的数学模型便可存储学习大量的输入输出模式映射关系。输入层、隐层和输出层这三层结构组成了 BP 网络，单层的组成是大量的简单的并行运算神经元，不同层之间的神经元是互相连接的，而同层之间的神经元则无互相连接。图 6-3 展示了其主要结构。

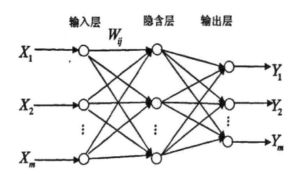

图 6-3 三层 BP 网络拓扑结构

  具体的问题决定了 BP 网络拓扑结构中的输入和输出结点，隐层数和隐层节点数是结构的关键。许多学者都对隐层的层数做过理论研究，其中 Kolmogorov 定理是很著名的，该定理证明了含一个隐层的神经网络只要有足够多的隐层节点就可按照任意精度逼近一个非线性函数。一般情况下，隐层节点数对 BP 神经网络预测精度有较大的影响：如果节点数过少，就会影响训练的精度，加大训练的次数，从而影响网络的学习；如果节点数过多，会造成网络的过拟合，也会加长训练的时间。实际的操作中，可以根据经验选取合适的隐层节点数，也可以使用试凑法，或者使用参考公式：

$$l < n-1, \quad l < \sqrt{(m+n)} + a, \quad l = \log_2 n$$

式中，其中 n 是输入层节点数；m 是输出层节点数；a 是一个常数取值在 0~10。解决实际的问题时，参考公式用来确定隐层节点数的大致范围，试凑法用来确定最佳的节点数。

6.2 用户数据建模

随着互联网+时代的飞速发展，人类社会产生信息的方式也在发生着变革。计算机网络的发展使得信息的发布从少数媒体到现在网络上每个用户都可以发布。这样的信息发布形式导致了信息数量的急速增长。而大量信息的涌入，数量之大，内容之多，为人们获取信息造成了很大的困扰，增加了获取有用信息的难度。

面对"海量"的内容，想要快速准确地找到所需信息就需要一些过滤方法，筛掉无用信息，得到对用户用价值的信息。这时，搜索引擎便是一种很好用的系统，通过搜索引擎，为各信息建立索引，用户可输入关键字单击查询，系统会返回用户所需内容。但在当前的搜索引擎中，相同时刻，输入相同检索词，会得到相同检索结果。而实际上，用户希望得到的体验是"因人而异的"，是具有个性化特征的。如不同用户都输入"蚁群"时，若该用户是研究算法的用户，则可能期待得到"蚁群算法"相关内容；而对于生物学专业的用户，则可能期待得到的结果是关于"蚂蚁"这种生物的。因此，理想的互联网检索系统，应能够针对用户个性化进行服务，更好地满足用户的不同需求，而个性化服务的基础在于用户的个性化建模，通过用户的相关信息，分析、挖掘用户的兴趣、偏好和特性信息，再加上检索服务，针对不同用户的需求，为用户提供个性化检索结果。

其实，这种个性化服务不仅仅在信息检索中有需求，在众多信息服务中，为用户推荐信息时，同样需要分析用户的需求，否则，用户检索的结果可能对该用户而言，都是无用的信息。

广义的用户建模涉及很多的领域，如心理学、语言学、数据分析、数据挖掘、机器学习等领域。虽然在这众多的领域中，用户建模的定义有所不同，但是，建模研究的最终目的都是相同的，即为每个用户建立用户个性化模型，这种模型是唯一的，这样就可以为不同的用户提供不同的服务，并且可以推荐不同的产品，同时还可以对不同用户进行行为的预测分析。

在数据挖掘和机器学习领域，用户建模，就是要通过挖掘大规模用户相关数据来构建用户感兴趣的表示。用户相关数据包括结构化数据，例如用户年龄、性别、职业和兴趣，以及非结构化数据，例如用户读取或发布的信息，用户行为和系统可用的信息。该研究路线下的基本假设是用户的兴趣和偏好都反映在用户相关数据中，因此基于这些数据，可以充分利用用户兴趣和偏好。

在数据挖掘和机器学习领域，人们一直在探索各种用户建模的方法，包括数理逻辑推理、谓词推导、神经网络、统计学习等方法。近些年来，随着互联网发展，产生了大量用户数据，由此带来了统计学习方法的兴起。

大体上讲，对用户建模的研究要有四种类型：

静态用户模型

一种基本的用户模型，以静态的数据作为依据，即数据在获取后便不常变化。确定模型后，用户的喜好将不再更改，并且学习算法中不会发生任何导致模型更改的更改。

动态用户模型

用户的兴趣、爱好是会随着时间的变化而变化的。而静态用户模型描述的是一种理想状态的用户模型，不能非常及时地响应用户自身的发展变化。随着用户个性的变化，模型可以通过学习，获得到用户个性的变化并更新模型。

基于模板的用户模型

基于模板的用户模型主要依赖于人口统计学，就是根据人口统计过程中收集到的人口信息对用户进行分类，并基于这样的信息和类别设计用户建模系统。根据人口统计学可知，属于该模板类别的用户群体具有相同或相似的特性。所以，系统便可以在对某个特定领域缺乏数据的基础上，来假设用户的一些情况。

高适应性的用户模型

和基于模板的用户模型相比较，该类别的用户模型具有较高的适应性。高适应性的用户模型是建立在对每个用户进行个性化分析的基础上，不完全依赖于人口统计学的相关知识，而是针对每个用户提出一个个性模型。这种用户模型能够更贴近用户，通过收集更多的数据，分析、挖掘用户兴趣，建立更精准的模型。

这四种类型的模型并不相互排斥，在实践中，它们通常是混合的。其中，静态用户模型和动态用户模型是从模型是否随时间演变的角度出发，而基于模板的用户模型和高度自适应用户模型是基于特定的建模方法来说的。

早期用户建模的研究主要集中在静态的和基于模板的用户建模,随着计算性能的提高、机器学习算法的改进及大数据时代的到来,研究者开始更多地关注和用户信息内容相关的、动态的和高适应性的用户建模。

用户的个性化数据广泛存在于网络的各个角落,如用户检索过的关键词、浏览过的网页、收藏的内容、撰写的博客、微博、发表的动态、评论等,还可能包括用户的单击、关闭、收藏、关注等动作,甚至是用户上传或浏览过的文本、图片、音乐、视频等内容。用户注册网站所填写的个人信息为结构化数据。在用户个性化数据中,数据大多数为非结构化数据,作为用户建模过程中的主要数据来源,这些数据具有规模大、维度高的特点,其中,文本数据为主要的部分。结合用户的这些个人数据,每个用户便具有了自己的具有高适应性的模型,由此,也就得到了高质量的信息服务。

为了能够根据不同用户设计出具有较高适应性的模型,首先要对高维的非结构化数据进行降维操作,即从高维非结构化数据中找到低维特征,筛选掉不必要的信息,用更简要的模型反映出用户的兴趣,从而满足用户的个性化需求。其中的两个主要方法为特征选择和特征提取。

特征选择指的是从原始的特征中选择具有代表性的一部分;特征提取主要是指采用映射的方法把原始特征转换(映射)为较少的新特征。

当使用统计到的用户文本信息进行建模时,若只考虑算法而忽略语言模型,那么实际上就是对词频信息建模。建模过程中,需要首先将一个个词抽象成一个个符号,并进行降维,为了方便数据的进一步的表示和处理。另外,随着计算机计算能力的提升,更复杂的算法在实际问题中变得越来越适用。而且,在自然语言中,存在广泛的同义词和多义词现象,并且很多词在不同的语境中也表达着不同的含义。因此,通过简单地选择特征集,不能生成最佳特征空间来描述文本内容。

第 7 章　多源异构数据的企业级应用

7.1 相关支撑架构的变化

7.1.1 传统的企业级数据处理技术——数据仓库

有的学者曾经指出，我们现在正处在企业时代，企业数据应用的需求出现了巨大的增长，首先是企业产生的数据量在快速增加，这种变化给企业在计算方面带来了空前的压力，例如以阿里、京东、亚马逊为代表的电商门户，每天都会产生数以百万计的交易纪律，而用户的点击、浏览数据更是庞大，其中除了企业后台的结构化数据外，更多的非结构化数据，如何处理和实用这些数据成为摆在企业用户面前的直接问题。此外，新数据的不断迭加，企业累计的历史数据在不断增大，如何实现数据的有效利用成为一个现实问题，此外很多企业特别是互联网企业，其业务创新方面正在面临不断的挑战和激励，创新的业务必然带来更加复杂的数据和对数据应用更高实时性的要求。在数据呈现爆炸增长的初期，很多企业已经逐步意识到传统的服务器承载的应用+数据库的模式已经很难满足未来业务创新和功能拓展的需要，而此时数据仓库应运而生。

传统的数据仓库在逻辑上可以划分为 4 个层次，主要包括数据源、数据仓库服务器、OLAP 输出服务器和前端。其中数据源一般由分离的外部数据源构成，其真正来源大多数是传统的功能独立的信息管理系统；数据仓库服务器的功能是将利用 ETL 工具从各数据源抽取的数据汇总起来，以实现集中存储和管理，并为数据的利用创造条件；OLAP 服务器则是提供前端访问接口和数据输出服务；前端工具的主要任务是利用前端服务器访问数据仓库，以实现查询、分析、统计、挖掘等功能。

从数据仓库的典型结构来看，数据仓库可以看做多源异构数据的应用雏

第 7 章 多源异构数据的企业级应用

形。数据仓库具有多数据源特性，数据源往往来自多个功能独立的信息系统，每个信息系统都独立管理自身业务所需的后台数据库，数据仓库需要提供完备的不同类型数据库的支持，以显现数据的抽取和汇总。数据仓库的数据源和目前流行的多源异构大数据相比存在显著差异，数据仓库的数据源由于大多数是来自独立业务系统，因此其面对的数据基本上全部是价值密度较高的结构化数据，这一特征与多源异构大数据的数据源有很大的不同。此外，传统的数据仓库从其架构和原理来说，仍然是基于传统的关系型数据库，这个数据库起到了中央存储的作用，因此在这种架构下一方面数据仓库对服务器的数据处理性能、存储读写性能和数据存储量均有较高的要求，而另一方面正是由于数据仓库的处理能力有限，导致仓库中汇总的数据往往是数据源的数据子集而非全集，被抽取子集的涵盖内容则更多的由数据仓库承担的业务需求来决定。

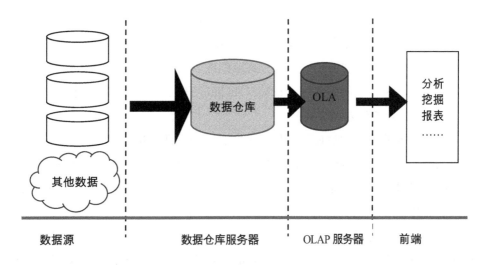

图 7-1 数据仓库典型结构

因此，传统的数据仓库具有弹性差、数据迁移难度大的显著缺点。弹性差是指传统的数据仓库从数据源到前端均与仓库所承担的业务紧密相关，若业务有变化时，可能会导致整个流程的整体性调整，特别是当需求更新频繁的应用中，传统数据仓库这一缺点会被显著放大；数据迁移难度大是指数据仓库的存储管理层尽管能够优化查询，但会显著增大连接和数据访问的代价。

可见，传统的数据仓库已经具备了多源异构数据的应用雏形，但其设计和实现思路仍然是基于应用和功能需求驱动的，其核心仍然基于结构化数据，因此数据仓库在功能伸缩性和数据的适应性方面具有非常显著的不足。

7.1.2 现在及未来的企业级数据应用架构

由于传统的数据仓库的整合思路需要通过构建企业级数据中心，将数据从各个数据源抽取过来进行集中，进而提供统一的数据服务，这种模式能够在业务确定的情况下，很容易实现数据汇总和集中处理，使数据快速产生价值。但是这种方式也存在着显著的问题，特别是随着企业业务的增大以及很多传统线下业务被迁移到网络中，会导致各数据源的数据量急剧增加，从而给数据仓库的存储和处理带来巨大的压力，特别是很多新的基于互联网的业务会产生很多非结构化数据，直接对基于结构化数据核心的传统数据仓库产生了巨大冲击。日趋复杂的数据环境，使传统的数据仓库表现出了投资巨大、数据应用日趋困难、数据迁移备份难度增大、数据管理成本居高不下等问题，且还有非结构化数据的整合等问题，使传统的基于数据中心的数据仓库已经无法满足企业级数据应用的要求，因此需要采用新的方式或架构。以目前的相关领域研究成果来看，基于抽象逻辑层的方式和云计算（Hadoop Hive）方式都是可选的方式。

1. 基于抽象逻辑层的方式

网络技术的不断改进使网络传输带宽、时延等性能指标得到了显著提高，以以太网的性能指标为例，其网络带宽从诞生之初 10BASE-5 的 10Mbps 传输带宽快速经过了 100Mbps、吉比特、10 吉比特阶段，带宽的增大极大的缩短了数据特别是长数据分组的传输时间，能够从=传输时延方面显著改善商用网络的物理性能；以太网通过用交换技术替代总线技术，使网络中的介质冲突问题极大改善，提高了带宽利用效率，更重要的是近年来在交换网络中广泛应用了线速转发技术，使交换设备在理论上能够达到介质时延的时延性能，极大的改善了网络的传播时延性。在极大提升的网络环境下，之前在物理上分离的一个个孤立的数据源已经不再如以往那样只能以很低的性能指标对外提供访问，在某些数据源的承载系统中，其网络接入性能甚至能够达到或超过其本地存储的访问性能，可见网络的性能改变已经为网络软件的运行架构和运行模式的变革创造了条件。

第7章 多源异构数据的企业级应用

在数据源的远程访问性能极大提升的前提下,数据源在物理上的孤立已经不能成为数据逻辑整合操作的障碍,在整合数据时已经无需采用在传统数据中心中由数据仓库服务器抽取各数据源数据后再汇总到中心的做法,而是可以直接利用现有的数据源构建分布式数据整合平台。该方案主要有如下几个显著优点:

(1) 对现有业务系统无冲击,可实现平滑过渡

基于抽象逻辑层的数据仓库方案由于无需抽取各数据源的数据并形成自己的数据源,只需在逻辑上实现数据源汇总即可,这意味着原有的数据源几乎不需做任何修改,只需向虚拟逻辑层提供对应的访问接口即可,且其开放内容、访问权限完全可控,对于原有的本地应用来说,其带来的变化仅仅是后台数据库额外提供了一个受限访问权限或接口而已,几乎不会对现有的业务产生任何冲击,特别是在本地服务资源充足的情况下,该架构对于现有的系统来说几乎是透明的。

(2) 平台具有良好的弹性

由于数据源是逻辑上而非物理上的集中,因此抽象逻辑层的主要功能是实现各数据源的访问。传统的数据仓库之所以缺乏弹性是由于其必须设定数据抽取规则,需要从各数据源抽取数据后再汇总到数据仓库中,而仓库又是基于结构化数据库技术构建的,因此当数据源发生变化时,传统数据仓库的数据源访问层和其自身的数据逻辑层必然需要变化才能适应数据源的变化。而利用抽象逻辑层构建的数据仓库只需修改其数据源接口逻辑即可,不会出现传统数据仓库中牵一发动全局的现象。

(3) 能够很好地支持非结构化数据

传统的数据仓库由于本身就是基于结构化数据库技术构建的,因此其先天就不具备非结构化数据的能力,如果需要处理非结构化数据,传统数据仓库只能采取外挂附加数据处理模块的方式,对非结构化数据预处理、抽取其中信息再实现结构化之后才能将其放入数据仓库中,这种做法会增加处理成本,导致系统结构更加复杂,降低系统的整体可靠性,此外由于其预处理往往会过滤掉原始数据中的很多信息,这会极大的降低非结构化数据的价值。而采用抽象逻辑层的数据仓库不会对数据源进行大量的预处理操作,绝大多数原始数据中的

信息将能够得以保留下来，从而使这些数据在后期利用中更加具有价值。

（4）数据管理方便

采用抽象逻辑层的数据仓库管理数据十分方便，首先由于其架构是基于现有系统的逻辑集中，其数据授权访问均是基于现有的业务系统的后台数据库的支持的，其中包括数据访问范围、读写权限等均可针对每个数据源单独建立策略；当数据源增加或删除时，抽象逻辑层只需增加或删除相应的访问策略即可；当特定的数据源需要更改访问权限，例如需要屏蔽某些敏感信息的访问时，只需修改对应数据源的访问策略即可；当数据仓库外侧的业务层需要调整访问策略或数据范围时，也只需在抽象逻辑层调整相应的对外访问策略即可。可见，采用抽象逻辑层作为数据仓库的架构后，尽管在物理层次方面并未实现显式的分层架构，但其数据访问和应用的逻辑层次可以做到更加分明，因而其数据管理、访问管理可以做到更加清晰、可靠。

（5）对服务器性能要求相对较低，可显著节省投资

传统的数据仓库由于采用了抽取数据并存储到仓库中，并由仓库对外提供数据访问服务的策略，这一策略导致数据仓库服务层对数据存储和访问性能均有较高的要求。这种方式从一定角度来说，是以较大的存储和计算代价支持了特定业务需要的数据集中。在目前主流的信息系统应用和实施过程中，由于基于信息安全和访问性能方面的考虑，很多业务系统的后台数据往往会放置到专门的存储设备上，例如 SAN 存储设备，并利用 RAID 技术来提高数据的访问性能并提升数据的安全可靠性（例如 RAID 冗余和远程灾备）。在这种情况下，数据仓库对各数据源的数据抽取实际上等于是利用仓库的存储资源对部分类型的数据条目进行了一次再备份，很显然这种操作是对信息系统资源的极大浪费，且大量频繁的数据传输也会浪费较多的网络带宽资源，使信息系统的访问性能降低。此外，由于数据仓库还承担着应用层的数据支撑功能，大量的应用层业务需要集中访问仓库的数据输出接口，这也会给数据仓库的服务器带来较大的访问压力，因此数据仓库一般需要由多台高性能服务器构成的集群来支撑，需要投入较大的财力。

而基于抽象逻辑层的数据仓库，其抽象逻辑层更多的是扮演策略汇聚、权限管理和提供数据信息这几种主要功能，其自身无需直接向应用层的各种业务

提供数据支持,只需根据访问策略向应用层的业务提供数据访问授权并将授权信息与数据源实现同步即可。在完成特定业务的授权和向数据源的授权信息同步后,应用层的业务即可利用授权信息直接与数据源通信获得相应的数据,此时操作所对应的数据流已经可以完全绕过抽象逻辑层,因此抽象逻辑层的数据存储功能主要是用于存储策略、权限和授权信息,而非直接存储业务所需的数据,抽象逻辑层相比于传统数据仓库来说,已经显著变"瘦",其功能由性能一般的带有热备份的简单服务器集群即可承载,一方面可以显著节约用户投资,另一方面由于该抽象逻辑层的功能极大简化,其相应的管理成本也可得到有效控制。

2. 基于抽象逻辑层的数据仓库架构

图 7-2 基于抽象逻辑层的数据仓库架构

基于抽象逻辑层的数据仓库架构如图 7-2 所示,该架构由数据源层、数据逻辑整合层和应用层三个主要层次构成。其中数据源层主要由各功能分立的传统信息系统的数据库、特定的系统日志、某些业务产生的交换格式数据、导入的第三方数据以及通过大数据技术手段获得的非结构化数据等组成;数据逻辑整合层可以由服务器或小型服务器集群组成,其主要功能就是作为中间层向应用层提供源数据的访问接口,由于不需要进行源数据本地缓存,因此中间层的主要功能是提供源数据可供应用层访问的资源列表，提供数据资源的访问授权和权限认证，并将授权和认证信息在应用层和数据源层中实现同步；应用层则主要用于支持应用程序运行所需的数据环境，在中间层的辅助下，应用层能够在授权的前提下实现特定数据源的访问权限，并能够利用类似于数据库视图等的数据整合方法，实现多个数据源的数据整合和统一访问，从而为应用程序提供便利、抽象、统一的数据应用支持接口。

3.基于云技术的数据仓库架构

（1）云计算在数据仓库应用中的优势

云计算的快速普及为数据仓库应用提供了另外一种解决方案。传统的数据中心由于是以设备为中心，是体现业务与技术分离思路的架构。因此在数据量越来越大、服务响应实时性要求越来越高的情况下，传统数据中心往往无法提供弹性、有效、低成本的数据服务。云计算平台的出现给数据中心和数据仓库带来了新的发展空间，由于云平台具有虚拟化、自动化和节能环保等特点，使其在数据应用方面相比于传统模式拥有明显的优势。

云中心不仅可以虚拟服务器，还能够实现网络、存储、应用等的虚拟化，用户可以按照自身业务的需要分配和调度各种资源，并可以使企业在基础设施方面的投资更加容易整合。以服务器为例，既有"一虚多"即将单台服务器虚拟为多个服务器的模式，也有"多虚一"即多个服务器整合成一个服务器共同承载某项服务，还有"多虚多"即多个虚拟服务器在多台服务器上运行。可见，在虚拟化技术的支持下，云平台具有空前的弹性，且由于云平台先天就是面向服务架构的理念，是根据业务流程来组织功能并将其封装成为软件架构，因此该技术十分适用于数据仓库的构建。

云平台具有高度的自动化管理能力，在云中心中，实现海量数据迁移、备份、设备统一配置、故障检测、流程跟踪等均能够实现自动化的高效管理，相比于传统数据中心方案来说，云数据中心可以极大的降低管理成本，此外云平台动态的资源调度也能够有效降低各种资源开销，实现低成本、绿色运行。

此外，由于云平台的高度虚拟化特征，使数据服务的架构也发生了显著变化。当企业采用了云数据中心后，由于各种服务、数据、应用都被虚拟到了云平台当中，数据已无法保持如传统架构下的独立数据源那样的状态，而是能够被高度整合的应用或服务整合在一起，可见虚拟化技术本身就已经推动了数据仓库最底层发生的结构性变化，即其数据先天就具有整合统一的特性。此外，由于云平台的高度自动化和智能化管理能力，数据的访问已无需如传统的数据仓库那样需要专门的输出层或抽象逻辑访问层来实现数据的授权访问和访问权限控制，而是可以直接利用云平台的功能即可实现，这一特点也使云平台下的数据仓库管理成本得到了显著降低。

（2）常见的云数据仓库解决方案

在云数据仓库中，目前应用最广泛的就是由 Facebook 开发的基于 Hadoop 的 Hive。相比于其他云数据仓库解决方案，例如直接使用 MapReduce 的方案来说，Hive 采用了类 SQL 语法能够实现快速开发，并避免了需要直接操作 MapReduce 而产生的学习成本，且功能扩展十分方便，因此在数据仓库领域受到了广泛欢迎。但是，由于 Hive 是构建在基于静态批处理的 Hadoop 基础上的，而 Hadoop 通常都有较高的延迟并且在作业提交和调度的时候需要大量的开销，一般情况下 GB 级的查询也常常为分钟级。因此，Hive 并不能够在大规模数据集上实现低延迟快速的查询。因此，Hive 并不适合那些需要低延迟的应用。

除了 Hive 之外，还有一些其他的云数据仓库支持技术，主要包括 Vertica、Redshift、dashDB 等。其中 Vertica 是一款基于列存储的 MPP（massively parallel processing）架构的数据库，优化器和执行引擎可以忽略表中与查询无关的列，还主动地根据列数据的特点和查询的要求选用最佳的算法对数据进行排序和编码压缩，极大地降低了磁盘 I/O 消耗，此外 Vertica 充分利用列式存储的优点，在保持透明的同时，均匀分布了集群的所有节点，还在多个节点上对同一份数据实现多拷贝，提高了数据的冗余安全性，并能够保证提供较高的查询性能，近期的测试表明该 Vertica 的 TB 级别查询时间已经能够被控制在秒级；Redshift 是 Amazon 推出的云数据仓库服务，在该平台上用户可使用标准的 SQL 实现数据查询，并能够支持现有的商业智能工具用于数据分析和决策支持，更重要的是通过高速 CPU、内存优化和 SSD，配合列式存储技术，Redshift 也能够为用户提供高性能的数据查询服务，近期的测试表明该平台的查询也达到了秒级，甚至能够达到 1 秒以下；

DashDB 是 IBM 的数据仓库解决方案，由于其是基于 DB2 技术的基础之上的，因此在该平台下用户可以使用 DB2 的所有功能。

可见，在开源领域基于 Hadoop 的 Hive 可以作为用户构建云数据仓库的低成本解决方案，而对性能敏感的用户则可以使用第三方提供的高性能技术解决方案。

7.2 多源异构数据的企业级应用

以数据仓库为代表的多源异构数据处理平台，在汇聚多个数据源信息后，能够在提高信息利用率、决策支持、风险防控等多个方面发挥显著作用，而这一点在早期的数据仓库应有中已经有了较为明显的体现。如今，在云计算和大数据的支持下，数据类型的支持更加丰富，信息整合度更高，新体系架构下的云数据仓库在多源异构数据支持和应用能力方面能够得到显著提升，在企业经营管理创新方面将能够发挥更大的作用。

7.2.1 多源异构企业级应用 1——企业决策支持应用

决策支持系统是现代企业提高决策质量的重要保证，此类系统可以视为传统信息系统的向更高层次进化的存在形式，决策支持系统的功能发挥要依赖数据源、模型算法和知识的支持。自决策支持系统的概念被提出以来，就得到了多方重视，得到了很大的发展，例如早期的决策支持系统主要依靠专家系统结合一定的智能算法来形成决策，既能够发挥专家系统在定性推理方面的优势，同时也能够发挥智能模型的定量计算特征，使决策支持系统的性能得到了显著提升；同时，随着数据仓库、数据挖掘等技术和理论的不断发展，也使决策支持系统获得了更加广阔的发展空间，在数据仓库的支持下，决策支持系统能够获得更加复杂的数据，特别是云计算、大数据技术的广泛应用，使决策支持系统的数据源空前丰富，同时也使更加复杂的建模计算变得成本低且可行，因此智能决策支持系统已经成为决策支持系统的主要发展方向。

1. 多源异构大数据支持下的智能决策支持

利用信息技术进行决策支持在企业经营管理中已经有了较长时间的应用，决策支持系统已经成为一种较为成熟且成型的软件形态。早期的决策支持系统

第 7 章　多源异构数据的企业级应用

是在传统的管理信息系统的基础上经过深化发展而来的，与传统的数据信息管理系统不同的是，决策支持系统对性能有很高的要求，因此在数据仓库不断普及的情况下，很多决策支持系统开始由数据仓库支持完成。

如前所述，由于数据仓库本身就具有多源异构数据特性，因此在数据仓库的支持下，决策支持系统实现了从高级信息系统向智能化的转变，即现在已经较为成熟的智能决策支持系统 IDDS。

随着大数据技术在数据仓库领域的不断延伸，特别是大数据对非结构化数据的良好支持，使数据仓库在非结构化数据、语义、模式识别等方面的应用具备了数据基础。在更加多样化数据的支持下，智能决策支持系统从仅面向结构化数据开发智能决策转向格式和内容更加更加丰富的数据，使智能决策支持系统能够实现更深层次的进步。

2. 基于多源异构大数据的供应链决策支持

供应链是企业管理中的概念，其狭义含义是指将企业上游的原材料、中游加工、下游的销售、运输物流等环节，其管理目标是将企业生产运营的各个环节无缝对接。供应链管理自诞生以来就十分以来信息技术的支持，随着近年来大数据、移动互联网技术向更深层次推进，供应链管理不仅仅关注物资流转，更是要把信息流、资金流（包含融资、投资等）等信息深度融合进来，在信息技术支持下形成一个有机的整体，从而为企业经营提高经营效益提供帮助。

20 世纪 80 年代供应链管理这一概念提出后一直到 21 世纪初，由于信息技术发展水平所限，供应链管理更多是将关注点放在各生产环节，甚至是主要集中在物流信息的采集汇总上。互联网网的深入应用，特别是大数据技术的不断成熟，原有业务系统中存在的数据孤岛现象逐步被打破，使供应链管理跳出原有的物流、生产环节核心，扩大自身的涵盖范畴具备了条件，工业 4.0 则是其中的代表性成果之一。

（1）多源异构大数据使供应链管理向两端延伸

多源异构大数据的应用，改变了销售环节及功能：

作为供应链管理中最靠近消费者层级一个环节，在传统的商业模式中，面向消费端的环节主要功能限于销售，当然这一环节也具有一定的搜集数据或反馈的功能要素，例如目前汽车销售中所普遍采用的 4S 店模式，其中一个

"S"就是代表信息反馈（Survey），但在传统商业模式中，信息反馈仅仅是"toB"环节中的一个简要功能，甚至在很多应用中信息反馈往往不受重视甚至形同虚设。

互联网思维和大数据对传统的产品生产、设计、推广模式产生了巨大的冲击，在传统供应链末端的销售环节已经在逻辑上成为了供应链的顶层和初始环节，特别是电子商务的大量普及和消费端消费习惯的不断改变，使利用消费环节与消费者的互动采集数据并实现消费决策驱动的产品优化成为可行且流行的产品模式。相比于传统模式下企业仅依靠书面调查问卷、销售员人工记录等效率低且信息的真实性和有效性难以保证的形式，互联网特别是移动互联网的深度应用使销售环节有效采集用户偏好信息成为可能。商务门户网站可根据用户对商品的点击习惯进行分析，并利用多源异构大数据对商品进行画像，再结合用户的点击习惯特别是反复浏览的商品对用户所关注商品的特性标签进行抽取和剥离操作，再结合用户画像（例如用户的职业、年龄段、所处地域、家庭状况等）信息，可描绘出该用户以及该用户所属的特定群体对某些产品的期望度，在业界不断探索工业4.0的大背景下，以3D打印、数控设备为代表的生产智能化成果的支撑下，这些抽取出来的信息一方面可以为实现针对特定用户群体的产品优化设计提供依据，甚至还能够实现针对特定用户的产品个性化定制与推广，并且这些产品设计能够很快在生产线中生产和实现，快速为企业带来价值。

多源异构大数据为控制上游采购成本提供支持：

采购环节是生产企业供应链的重要环节，也是传统供应链管理中的起始环节，该环节的运行质量会对企业的生产过程产生直接影响。在互联网和多源异构大数据的支持下，采购环节已经具备了更加丰富的内涵。利用大数据技术，企业可以快速完成市场中的比价、货源稳定程度、商品品质统计或预判等操作。特别是对于有全球采购需求的企业来说，多源异构大数据对于企业降低采购成本，提升采购质量方面能够发挥更加显著的作用，例如通过多源异构数据可以整合上游商品信息资源，并可设计统一的电子交易支付接口实现订单流程的完全电子化；完全电子化不但可以降低人工劳动强度，还可以使全球交易不再受工作日和上班时间的限制，实现交易支付全天候进行；大数据支持下的数据整

第7章　多源异构数据的企业级应用

合可以使企业在选择上游商品时可以有多个冗余选择，并能够通过构建大数据对商品供应源的状态进行跟踪，从而提高企业的上游供应链的可靠性，此外多源异构大数据的应用并不是单向的而是双向甚至是多向的，即企业可以跟踪供应链上游的状态，同时供应链上游企业也可以跟踪生产企业的状态，从而实现供应优化，为生产企业提供更加优质可靠的服务，同时供应链的各个环节也可以利用多源异构大数据在共享共赢的目标小建立更加和谐的生产生态链，在优化经济效益的同时，促进社会的协调发展。

另外，在采购环节中，物流运输也是对采购安全和效率起到关键作用的要素。互联网和多源异构大数据的应用，物流运输可以实现更高效率的同时降低成本。例如，通过铁路、航空、公路构成的物流网络已经在相当深的程度实现了信息开放和共享，企业在选择物流时拥有了更大的自主权，不但能够通过物联网技术（例如 RFID、条形码、LBS 基于位置的服务等）跟踪物流信息，还能够根据企业生产需要对物流环节的渠道组合进行有目标的优化，一方面降低物流渠道压力，同时还可以减小仓储压力，进而降低资金占用成本和管理成本。

（2）多源异构大数据实现企业生态优化

多源异构大数据优化制造环节：

在工业制造环节中应用计算机技术已经有了很长时间的历史，例如计算机发明不久就有工程技术人员尝试采用计算机实现工厂生产过程控制，但由于可靠性、处理能力所限，早期的计算机在生产过程中的应用不算成功。20世纪80年代后，随着微处理器的出现和广泛应用，计算机的性能、可靠性得到了显著提升，数字加工设备大量出现，在很大程度上改变了传统工业的技术格局，网络技术在工业领域中的应用更是为企业生产经营模式创新变革提供了技术条件。在网络技术的支持下，生产线上的设备在联网后首先使生产流程实现了过程协调，之后在商用网络和工业网络日益融合的技术推动下，商管控一体化成为进入21世纪后的工业网络领域最显著的变化之一，特别是2010年以后工业机器人、数控加工设备性能的进一步提升，以及商用网络和生产网络的进一步深入融合，催生了工业4.0的快速发展。工业网络和商用网络的深度融合，使产品生产环节呈现了扁平化的显著特征，消费端采集到的多源异构大数据可以被生产端感知，并可用于生产的调整；同时，生产线的网络化还能够感知来自物流、上游供应商等其他数据源得到的大数据，从而实现优化生产、优化生产线人员配置；利用大数据技术和传感技术，生产线的自我感知能力将大大加强，企业的本地库存将能够得到有效控制，从而压缩生产资料在生产环节中的资金占用度，降低企业资金成本和管理成本；在多源异构大数据的支持下，生产线能够快速感知销售和售后环节发现的产品缺陷，从而实现快速调整和应急响应。

（3）多源异构大数据降低了供应链环节成本

多源异构大数据对人力成本的影响：

多源异构大数据在降低人力成本方面并非单独的要素，但却是最不可或缺的软要素。多源异构大数据在供应链环节中的应用是以物联网、移动互联网技术构建的基础环境分不开的，在移动互联网支持下的物联网首先提供了丰富的信息采集手段，能够实现供应链各个环节的信息快速上传；而基于云计算的数据仓库和新的数据库技术为数据的实时处理进而实现实时感知创造了必备条件；基于人工智能的智能决策支持系统，能够在实时感知的基础上提供快速的决策支持，从而降低不必要的供应链环节资源闲置或无谓的资源开销。例如在获客方面，由于销售和售后服务端的信息整合，再加上互联网大数据的支持，客户端信息推送已经基本上可以摆脱传统的人工方式（例如传单、名片的派发），而采用互联网或移动端为渠道，这样不但可以以更高的准确度实现信息推送，提高获客的成功率，还可以有效避免由于滥发广告影响企业形象的问题出现，更重要的是这种方式由于避免了人工的大量投送，节约了大量人力成本或者可以将宝贵的人力成本投入到某些重点投送节点上，进而提升获客的覆盖性。

此外，在生产环节多源异构大数据也能够在降低人工成本方面发挥显著作用。由于多种子系统的数据源得到了整合，信息决策辅助系统的辅助实时性和有效性得到了显著增强，不同类型岗位的人力资源设置可以在数据的支撑下得到合理科学的规划，从而促进企业更有效的实施人力资源的有效管理，避免工作量、工作强度分布不均导致效率降低、质量下降的情况。信息的互联互通的同时配合智能工业生产设备，可以实现信息多跑路，员工少跑腿的效果，特别是涉及不同部门之间的生产过程协作问题时，信息的深度融合可

第 7 章　多源异构数据的企业级应用

以有效提升协作紧密度和效果的同时降低部门间的沟通协作成本，降低人力资源中的无效或低效劳动支出，从而提升人力资源的整体利用效率，这也是从另外一种方式上节约了人力资源的浪费，提升了企业的整体人力资源利用率，实现了成本的降低。

对物流和采购成本的影响：

由于多源异构大数据的存在，企业在采购、比价的过程中可以获得更加丰富透明的信息，通过专门的 B2B 电子商务平台，并整合互联网的相关的上游企业信息，生产企业能够更加准确的核算相同物料在不同的上游企业采购的单位成本、风险成本等，从而为企业科学的致辞采购策略提供有效支持。另外，由于物联网、移动互联的深度应用，物流成本也能够得到有效的控制（或保障），例如企业在多源异构大数据的支持下，可针对天气对航空、铁路、公路等不同类型交通形式的影响建立模型，对不同类型天气下的运输速度、运量、是否可用、延时等指标进行预测，预测结果可以作为企业物流的直接决策依据。相对于航空、铁路等航路、成本较为固定的物流方式来说，公路运输的成本控制具有一定的不确定性，而车联网设备的普及将使这种不确定性大大降低，并能够降低运行成本。例如车载设备能够记录车辆的健康状态，是否需要维修保养等，还能够通过 GPS 跟踪车辆的行车轨迹，并指导车辆选择最优路径以最低的成本完成物流投送，一方面能够有效确保车辆处于健康状态，提高设备的利用率，同时通过优化投送策略减低燃油成本和车辆磨损，从而实现物流运送过程整体成本的有效控制。此外，物流仓储在物流中扮演着重要的角色，同时也是企业物流成本的一项重要支出，中转效率的提升无疑会降低仓储的压力和成本，而多源异构大数据无疑能够在充分的数据积累的基础上，为合理的实现物流中转调度提供科学的决策支持，从而提高中转效率降低中转带来的存储成本，例如物流环节会根据企业订单需求状况合理安排物资的投送节奏，在确保满足生产需求的同时避免物资过度积压，同时还可以可根据大数据预测未来的需求变化从而调整物资库存压力和物流节奏，使物流资源得到更加合理的利用。

企业生产环节成本的影响：

生产企业的生产环节成本主要由材料成本、人力成本、制造成本和设备成本等构成，企业如果希望降低生产环节成本应着力降低上述成本构成的支出费用。其中材料成本应主要控制不必要的浪费，提高材料的利用率；人力成本的控制则主要通过人力的有效工作，以及科学人力应用节奏的控制以保证工人良好的工作状态；降低制造成本则应当从合理的水、电、暖支出入手，提高支出的合理性；设备成本的降低则可通过合理使用生产设备以减少设备的不合理疲劳消耗，优化设备维修、工作时间比例，减少生产变更产生的设备重新调试整定的成本等。

通过多源异构大数据的支持，企业能够科学测算生产单位产品的材料消耗，并通过遍布生产线的传感设备的数据，准确采集各生产环节的材料消耗数据，通过测算的理论值和实际值的差异及时准确的发现生产过程中存在材料消耗异常的环节，减少生产材料异常消耗，降低无效材料资金支出成本；通过在多源异构大数据的支持下构建的生产环节人力需求模型，能够为人力资源部门合理规划生产人力投入分布，减少无效人力投入，同时通过合理的劳动强度分配，可以提高生产人力的健康指数，在保证生产工人身心健康的同时，确保人力投入的有效性和可靠性，促进生产过程人力资源的良性运转，即通过提高人力资源的效能降低生产成本；在物联网技术和可视化技术的支持下，企业的水电暖等制造成本支出可以实时展现给管理者，管理者能够快速发现异常的制造成本突变，例如漏电、跑水、设备或生产场地异常等，通过多源异构大数据能够建立起标准化的制造成本测算模型，通过物联网和可视化技术相应的成本支出能够以直观的图形化方式展现，并通过与测算值匹配从而实现异常实时报警，及时排除无谓的制造成本资金支出；利用生产设备的联网数据采集技术或者第三方物联网设备状态监控技术，生产控制中心能够对设备的状态进行实时监控并利用故障统计数据对设备的未来状态进行预测，并可根据预测结果及时调整优化生产策略，确保企业资源能够高效、可靠的运转，同时还能够做到与人力资源的投入相配合，提高人力投入和设备投入的同步性指标，避免出现人等设备或设备等人的情况。

（4）实施与运行

智能化的供应链管理应当以物联网和移动互联为基础，以多源异构大数据整合为核心，以复杂子系统建模与融合为手段，以提升企业运行和决策智能化并降低成本为建设目标。因此智能化供应链管理主要由如下结构构成。

第7章 多源异构数据的企业级应用

智能化供应链管理主要由基础层、数据才基层、数据仓库、决策输出以及企业生产优化目标数据库组成。数据才基层为数据仓库的底层,负责对接各种复杂数据源,并将数据进行清洗、规格化等预处理操作。为了提升数据的真实性,为决策支持平台提供客观的数据支持,数据采集层提供了多种数据源的数据访问接口,其中有些数据接口来自于企业或企业所相关产业生态的数据,例如销售端和售后端采集的销售数据和产品售后数据,供货或电商平台所提供的生产原料和物流信息,生产过程控制系统通过工业总线和物联网采集的生产线上的各种生产数据,人力资源管理系统提供的员工基本数据和员工工作状态数据等;另一些数据则通过多种第三方渠道获得,例如特定消费群体的消费统计数据,企业所生产的产品近似的商品大类的销售统计数据,生产相关的原材料价格指数数据,天气数据,从互联网爬取的市场相关数据,甚至一些第三方开发的模型,例如人力资源管理模型、设备故障预测模型等,这些丰富、开放的第三方数据为数据仓库的功能扩充提供了非常大的想象空间,能够为模型训练提供越来越丰富的数据支撑。

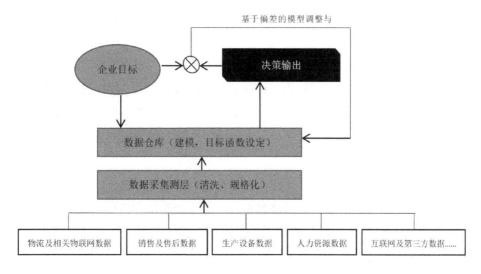

图 7-3 智能化供应链管理实施结构图

智能化供应链管理所用的数据仓库技术,其核心是利用数据仓库的数据支撑完成决策支持,为实现特定的企业建设发展目标。因此,决策支持子系统应当采取闭环模式，即在数据仓库中开辟专门的数据库空间用于存放指标化、数量化的企业建设或发展目标，决策模型的输出通过企业运行产生运行结果后与企业的发展目标指标进行对比，通过指标的实际值和目标值的差调整决策输出策略。因此，决策支持系统建议采用专家系统和最新的机器学习方法相结合的方式，其中专家系统作为较早应用到智能系统领域的技术，具有可靠性高、适应性强的特点，可避免模型选择不当导致的目标值震荡、超调甚至无法收敛等问题，在决策支持这类不确定性较强的领域，专家系统是适合作为基础层次的支撑技术的；但专家系统更多的是基于人决策的记录和选择而生成决策的，不可避免的会受到人类专家的局限，而最新的机器学习方法可以充分嘎吱人力感知较弱的那部分信息，从而进一步优化决策模型。

7.2.2 企业级应用2——科技型企业投资价值分析

在近几年中，大数据技术应用落的领域有非常多，其中成功应用案例较多的无疑是金融科技领域，尽管经过了初期互联网金融行业爆炸式增长随即带来了大量平台出现问题的情况，经过几年的发展和大浪淘沙，金融科技无疑是将未来金融行业的重要发展方向，同时这也代表了多源异构大数据在金融领域的应用前景。

在金融领域，风险管理无疑是占据了核心地位，其中信用风险又是其中最主要的内容。信用风险又被称为违约风险，一般指借款人、股权发行人或交易对方不愿或无力履行合同条件而构成的违约，从而导致投资方（如股东、银行等）或交易对方遭受损失的可能性，信用风险也是常规金融业务风险中最主要的形式。

现代经济环境下，融资已经成为企业发展的重要支撑条件，特别是对于很多新诞生的科技型企业，能否融资甚至成为企业能否生存发展的根本保障，这一现象在现在国内外企业中的例子比比皆是，例如国内的几大互联网公司百度、阿里等均是依靠成功的融资才得以使很多技术、概念落地，成就今日业绩。但从目前行业统计分析情况来看，科技型企业具有投资风险高、投资收益率差异巨大、专业领域市场确定性不足等诸多特征，直接给投资人带来了选择难题，所以大多数成长期的科技型企业选择风投作为融资来源。但随着特定领域技术和市场的不断成熟，该领域的科技型企业往往会经历稳定、调整期和在成长阶段，此时很多企业为了扩大规模或巩固和开辟新的技术优势，往往需要进一步融资以获得快速成长，如何在满足这些企业的融资需求的同时，降低资方的投资风险，实现企业和投资方双赢是未来金融科技需要解决和优化的问题，而多源异构大数据的不断深入应用，也给上述问题的解决提供了解决思路，并也有了一些实践尝试。

1. 科技型企业融资风险特征分析

据有关统计数据表明，大多数科技型企业面临融资困难问题，这些企业在解决创业基金或流动资金问题时，只有少部分能够获得传统银行的支持。这一问题的出现，既与传统商业银行较高的融资门槛有关，同时也与科技型企业自身的特点有直接关系，因此科技型企业信用评价主要面临如下挑战：

首先，一般情况下，科技型企业为中小型企业，其本身的要素结构就构成了企业具有较高融资风险点的主要原因。科技型企业与传统企业不同，其发展的主要推动力来自于其自身的创新能力、科技转化能力、技术市场化和推广能力。也就是说单纯有好的技术，没有良好的落地转化能力，或者有良好的落地转化能力但市场接受度低，都是制约科技型企业发展，进而导致其产生信用风险的潜在原因。

其次，科技型企业具有高成长的需求和特点，实现高增长一方面需要看企业自身的技术实力，同时也要取决于市场，特别是在互联网领域，科技型企业竞争往往存在"只有第一，没有第二"的规律，因此科技型企业的高增长也是具有很大的不确定性，如果企业能够很好的占领市场先机，则投资回报率会非常可观，否则其投资受益很难保证，这也是其高融资风险的另一个主要原因。

第三，传统的信用评价方式并不适用于科技型企业，科技型企业具有高增长、高收益预期、高市值增长率的特点，导致很多科技型企业无法直接采用传统意义上的信用评价方式。例如很多互联网企业在创业之初甚至在相当长的一段时间内很难实现盈利，例如我国的几大互联网门户、BAT等均经历了相当长的亏损期，直到开启短信业务后才实现盈利，之后随着互联网承载复杂业务能力的提升，这些企业逐步探索出了多种盈利业务，并开始持续盈利，如果单纯从财务数据来判断，这些企业在初创时期无疑是具有低收益甚至亏损的特点，以传统的风控标准来看这无疑是低投资价值的特点，但从另外一个角度来说这些企业之所以能够生存下来很大程度上是依赖风险投资者看中的企业和行业的未来发展和回报，并且这些企业事实上最终也给这些投资者带来了高额回报。可见很多传统评价方式已经十分不适用于科技型企业的信用风险评估已经表现出了其在操作难度和评价的真实性方面的额问题。

通过上述分析可知，科技型企业，特别是在现如今国内"互联网+"浪潮处于上升期的大环境下的科技型企业，其自身的特点给传统的信用评价和风险控制方法带来了挑战，同时也给信用评价和风控的变革带来了新的机遇。

2. 传统企业信用评价的常用方法

由于面向企业的信用评估其本质上是对企业的信用能力的评价，而和信用能力最相关的信息无疑是企业的财务信息，因此在传统的企业信用评价中，财务数据是评价过程中所关注的核心信息内容，而其评价方法则主要包括定性评价和定量评价这两种。

（1）定性评价

定性评价方法是企业信用评价方法中历史最悠久、最传统的方法，该方法也被称为人工专家评价法，顾名思义该方法主要依靠人工观测企业的财务报表、营业统计数据、融资数据等进行综合分析，常见的分析方法中又包括5C、5P等。例如5C分析法主要聚焦借款人的道德品质(Character)、还款能力(Capacity)、资本实力(Capital)、担保情况(Collateral)和经营环境(Condition)这5个主要方面进行全面定性分析，以判别借款人的还款意愿和还款能力；西方商业银行在其长期经营中总结出了评价信用风险的5个要素，即个人因素(Personal)、借款目的(Purpose)、偿还能力(Payment)、还款保障(Protection)和前景(Perspective)，即5P，进行专家分析，得出风险评价结论。这些都是利用人工专家的方法实现信用评价的方式，无论是5C、5P还是其他的方法，其主要关注点是由人工经验所限定的范围，因此评价专家的水平对于评价结果的质量起到了绝对性的主导作用，对专家的依赖也使这类方法在确保评价质量一致性、大规模应用等方面存在明显不足。

（2）定量评价

随着融资业务的不断增多，无论是投资公司还是银行等金融企业，都积累了大量的已经存在明确结论的投资数据，利用这些数据在金融投资领域实现更加可靠、可复制的信用评价机制或模型，成为很多金融企业关注的焦点，出现了很多采用数理量化辅助进行信用评价的方法，目前主要包括基于统计的方法、信用计量模型和新兴的人工智能方法。

在基于统计学的方法中，Altman 在 1968 年提出了基于贝叶斯的 Z-score 模型是通过财务报表对企业的违约问题进行了分析和预测，该模型主要关注企业单位资产的的运营成本、留存收益、营业收入、税前利润以及单位负债股东权益等信息，通过对几十家公司样本进行预测和验证，获得了较高的预测准确率。还有学者采用 Logistic 回归模型，分析了几十家违约案例企业的财务比例数据，得到了较好的预测模型，同时还能够根据投资者的投资偏好通过提供预警系数来辅助投资决策。国内也有不少学者通过改进 Logistic 回归模型和贝叶斯模型来分析企业的财务数据，试图提高风险预测的准确度，也取得了更好的判断效果。可见，统计学方法在企业信用评价领域已经有了多年的研究与应用，而其所关注的主要就是企业的财务指标信息，逻辑回归、贝叶斯模型已经成为广泛认可的信用评价模型工具。

20世纪90年代后期由摩根大通推出了用于金融风险的管理产品——信用计量模型，该模型引起了金融机构和监管当局的高度重视，是风险管理领域在信用风险量化管理方面迈出的重要一步。信用度量法是通过掌握借款企业的资料，例如借款人信用等级、该信用等级的变化概率、违约贷款首付率等，计算出贷款和债券的市值和市值变动率，从而利用在险价值方法对单笔贷款或贷款组合的在险价值量进行度量的方法。信用计量模型的一个显著特点是该模型从资产组合的角度而非单一资产的角度看待信用风险。该模型通过对比组合中各信用工具的边际风险贡献，进而分析每种信用工具的信用等级、与其他资产的相关系数以及其风险暴露程度等各方面因素，可以很清楚地看出各种信用工具在整个组合的信用风险中的作用，最终为投资者的信贷决策提供科学的量化依据。

人工智能方法。人工智能这一概念自 1956 年诞生以来取得了广泛的关注和长足的发展，尽管其发展过程中经历了一定的起落，但随着微处理技术的不断成熟和性能不断提高，人工智能很快实现了从概念到应用落地，例如在工业领域经历了早期的计算机控制系统的发展阶段后，很快智能理论与技术就被应用到工业生产线上，以早期的机器人、柔性生产再到如今的 3D 打印技术、透明工厂、工业 4.0 等均有人工智能理论在背后的应用于支持。在企业管理与决策应用领域，从早期的专家系统到之后的决策树、神经网络、深度学习算法的应用，使信息系统的决策效率和质量均得到了显著提升，特别是深蓝战胜人类象棋冠军卡斯帕罗夫、alphago 战胜人类围棋冠军、Wason 在现场问答秀节目中战胜人类等人工智能的几次里程碑新闻事件代表了人工智能发展的一次次飞跃。人工智能的特性决定了它非常实用与信用评价这类典型的决策辅助应用，并引起了相关行业和学术界的重视。很多学者尝试利用神经网络、遗传算法、粗糙集理论结合模糊数学、统计学等方法同时结合传统的企业信用评价方法，赴层次分析法 AHP，来实现企业信用评价，其研究和实践结论表明，合理的运用人工智能方法能够在预测准确度、鲁棒性、泛化能力等方面取得比传统方法更好的性能。

7.2.3 多源异构大数据在解决科技型企业融资风险中可发挥的作用

梳理人工智能的几次发展高潮和低谷可以发现，这几次发展波动是与信息处理能力和数据环境的变化分不开的。在 20 世纪 80 年代起，人工智能的发展迎来的第一个高峰，期间在摩尔定律下的芯片处理能力一直呈快速发展的趋势，使业界和学者看到很多前期的研究成果具备了落地的可能，使人工智能的研究热潮一直持续到 90 年代末 21 世纪初，但期间人工智能也暴露出来了很多问题，导致了之后人工智能发展的低谷，其主要原因是微处理器的计算能力尚不足以支撑快速的人工智能模型的运转，或者现有的简单模型尚不足以支撑实际应用所需的数据运算质量，同时数据采集技术和通信技术也成为人工智能有效落地的瓶颈。之后，随着大数据、云计算概念的提出，以及 GPU 运算能力的不断增强，以深度学习为代表的复杂人工智能模型、海量数据采集、海量数据处理具备了技术支撑条件。这些变化带来了一系列的变革，首先海量数据采集以来无处不在的网络覆盖，可以实现将物联网、移动互联网、传统的商用网络、工业网关等大量不同类型的数据源进行实时采集数据，即可以为形成成分更加复杂的数据仓库奠定基础；其次，云计算的不断发展为数据处理提供了有效、低成本的技术解决方案，在云计算出现之前，数据中心解决方案一直被国际上少数几家技术提供商所垄断，但以 Hadoop 为代表的云平台的出现，意味

第7章 多源异构数据的企业级应用

着在海量数据存储和处理方面有了低成本、高性能的技术解决方案,结合之前在数据仓库快速发展阶段的技术沉淀,数据仓库的外延拓展能够轻易的使各种联网数据源纳入到可用范围,加上云平台的数据处理拓展能力,使多源异构大数据在人工智能领域的应用变得更加可行。

从目前已有的人工智能在企业信用评价的应用来看,人工智能并未从根本上推翻已有的风险评价模型,人工智能在风险评价中更多是扮演对现有的体系进行拓展或优化的角色。从数据的角度来看,人工智能并未采取推翻现有体系的做法也是有依据的,从数据相关度的角度来看,在与企业信用相关的信息中财务数据无疑是其中最核心的信息,这一点是无论在哪个阶段的研究都未曾推翻的结论,而大数据和人工智能的作用主要体现在两个方面:其一,是通过大数据实现传统意义上核心指标数据的清洗,例如去掉重复数据、去除噪声数据、修正不一致数据、填充遗失数据等等;其二,是对现有的信用评价模型或体系进行优化,传统的信用评价模型或体系有的是基于人工经验,有的是基于统计学或经济学定律构建的,其视角无疑会受到当时的社会经济环境、技术条件等多种因素的限制,很多弱关联要素或暂时无法发现的隐藏要素自然无法有效利用和发掘,此外基于正向思维构建的信用评价模型需要通过不断的通过实践积累而修正和优化,而由于新平评价中的要素和关联关系中存在大量的非线性关系,导致无法单纯依赖数学方法修正和优化模型,且随着经济、技术环境的不断变化,原有的模型必然会出现无法适应新形势、新业态的问题,而结合了多源异构大数据的人工智能方法在处理数据关联性、数据清洗、非线性关系处理等方面拥有显著的优势,因此结合多源异构大数据的人工智能技术实现现有信用评价模型的优化是未来实现企业信用评价的重要方向;其三,多源异构大数据结合人工智能技术能够很好拓展信用评价模型的指标外延,知识发现是人工智能领域的重要研究方向之一,当多源异构大数据的有效利用得以解决的时候,知识发现理论将能够有效的实现弱关联数据和企业信用风险的关系模型建立,例如除财务数据外,人事数据、企业融资数据、行业数据、产业链数据、客户端数据、企业知识产权数据、国家政策信息、区域规划信息等来自传统业务 MIS 系统、政府、互联网等各种渠道的异构数据都可以作为企业信用风险评价的数据,这样企业信用评价的模型的指标得到了扩展,且在云计算的加持下，这些数据的处理成本也能够得到较好的控制。

可见，由于信用评价的特殊性，人工智能和多源异构大数据在企业信用评价中的应用中，利用好现有的指标体系和模型，结合大数据融合和处理能力以及人工智能理论，实现现有的体系和模型的优化、拓展是未来相当长时间内大数据和人工智能在企业信用评价中应用的主要途径。

7.2.4 多源异构大数据在 B2B 企业信用评价中的应用

1. 问题分析

电子商务作为随着互联网诞生的商务模式，在 21 世纪初至今一直呈现迅猛发展态势，其形态和业态创新也层出不穷，在经营模式创新方面呈现了巨大的能力和潜力，给很多企业带来了空前的价值。电子商务的业务大多数是通过开放的第三方平台开展，由于平台的开放性使对加入电子商务平台企业的信用评价带来了挑战，很多适用于传统线下商务模式的信用评价方法已经不适用于电子商务平台环境，但与此同时电子商务由于在信息集中方面具有先天优势，又为企业信用评价带来了新的机遇。在集中了大量企业的交易数据的基础上，电子商务平台能够很容易的对平台内企业是否有违约、支付快捷程度、产品质量等级、技术水平、企业创新能力等多种信息进行识别、统计和分析，这些信息为企业信用评价提供了直接依据，此外由于互联网这一更大的开放数据源和人工智能这一开放评价工具的存在，可以使企业的信用评价指标不必受到特定模型或体系的束缚，为实现评价指标体系和模型的不断优化创造了必要的技术条件。因此，电子商务环境下，企业信用评价的研究既有很强的现实意义，同时也具有广阔的研究空间，本书此部分内容将主要针对电子商务中的 B2B 企业的信用评价问题开展讨论。

在大数据环境下解决 B2B 企业的信用评价问题主要面临如下机遇和挑战：

首先，是数据来源多样化，即数据的多源异构特征非常明显。在电商大数据平台的支持下，评价企业信用的数据源构成非常复杂，其数据来源包括来自电商平台自身积累的企业基础数据、交易数据、产品数据、企业人事数据、产品售后数据等，也有来自第三方信息服务支持系统的数据，例如行业发展相关统计数据、企业相关产业链相关数据、以及第三方可提供的企业特定基础数据信息等，此外，还有大量的可以通过互联网公开获得的数据，这些来自互联网的数据可能与企业的电子商务行为直接相关,也可能无直接关系或存在间接或弱关联关系。因此,多源异构大数据所带来的是更加开放的评价指标体系和评价方法,这意味着在评价企业信用时,首先需要解决的是实现互联网信息的指标化操作,即在抽取关键信息的基础上利用这些开放的数据形成新的指标体系;其次,开放的指标体系必然会带来指标观测点数量的暴增,其中还可能包含大量的不一致数据、冗余数据或存在数据缺失问题,此外还存在开放的指标数据与评价结果关联不确切的问题,这些问题对于形成的有效评价来说是十分不利的,因此需要采取数据清洗等数据预处理手段之后,还要利用信息论或相关理论或技术对数据进行约简,以提高信用评价的准确度的同时减小不必要的计算开销。

2. 数据预处理问题

如前所述,基于多源异构数据构建的模型具有显著的开放性特征,这一方面给模型的优化带来了无限空间,同时也会把大量的扰动数据、不一致数据、具有缺失项的数据等各种不利于模型训练的脏数据带到数据源中,此外还可能将微弱关联以及无关联数据放入数据源的可能性,这些数据的存在在多数情况下是不利于模型训练的,从开放的数据源中有效的发现有用数据,摈除无关数据和脏数据是有效利用多源异构数据、获得更高质量的信用评价模型的前提。因此,多源异构大数据的价值在得到真正利用之前,首先应当经过清洗和约简这两个关键步骤。

清洗:这些存在着不一致、缺失、重复等情况的数据我们可以统称为噪声数据,在现有的针对大数据的噪声清洗研究成果中,比较有代表性的有基于规则的清洗方法、基于函数依赖的数据清洗方法等。其中基于规则的清洗方法主要包括删除法、基于估计的插补法等针对缺失数据的处理方法;也有回归、离群数据处理等针对异常噪声数据的处理方法;还有传统的约束规则方法、NADEEF 等方法;以及基于函数依赖的数据清洗方法等。

这些不同的数据清洗方法适用于不同的应用场景,例如针对缺失值数据的删除法主要适用于数据样本数量巨大,在删除带有缺失值的数据后仍可保留足够数量的样本数据的情况,否则应采取插补等方法补足缺失数据,为建模储备更多的样本数据;回归噪声数据处理方法在分析多因素模型时具有较好的去噪效果；基于函数依赖的清洗方法则是利用函数通过发现数据属性之间的关联关系，在利用属性间的关联关系发现描述属性数据中的异常值，从而达到清洗异常数据的目的。

在多源异构大数据企业信用评价应用中，除了来自于政府、监管部门和企业自身的运行数据之外，更多的开放数据是来自互联网的公开数据，这些数据的主要获取手段是利用爬虫技术爬取企业相关的文本信息，例如相关企业的投资动向及其资金金额、融资渠道及数额、企业获得订单情况、企业产品销售数据、企业的人力资源需求等等相关的网络信息，都可以作为企业信用评价的潜在多源异构大数据来源。在爬取这些数据后，再利用分词、语义识别技术或自然语言处理技术抽取其中的关键语义，最终弄能够获得诸如某企业在何时间上市、融资规模、股票收益等，或某企业在何时何地进行了投资、投资的预期收益，再或者某企业在何时签署合作或大批订单、合作或订单的预期收益如何等初步结论，这些初步结论均可作为未来企业经营状况乃至其融资风险的参考依据。

约简：在大数据处理和建模过程中，数据维度过高一直是数据处理的难题之一。且在互联网多源异构大数据中，往往会存在大量的与建模目标无关或相关度极低的数据指标，这些数据如不加处理很可能导致建模过程被其中的扰动数据所干扰，或造成过拟合或欠拟合现象，因此找到并去除这些数据是完成多源异构大数据建模的另一个基础工作。本书前序章节对粗糙集理论在信息约简中的应用作了深入阐述，表明粗糙集是一种能够很好的适应多源异构大数据应用场景的约简算法，特别是对于数据冗余方面，粗糙集可以利用信息熵粗糙度指标加以有效约简。而且在多源异构大数据应用场景中，由于需要大量依靠互联网公开数据，其中会涉及的主要数据类型将以文本或多媒体数据经过模式识别后的结果文本为主，因此在约简之前，需要配合语义识别将文本数据规格化后才能降低不必要的指标冗余数据，取得好的约简效果。最终经过约简后，企业特征的核将形成一个取值为布尔值类型的大规模二维表结构。

3. 模型训练

机器学习算法是一类从数据中自动分析获得规律，并利用规律对未知数据进行预测的算法。因为学习算法中涉及了大量的统计学理论，机器学习与统计推断学联系尤为密切，也被称为统计学习理论。因此，在多源异构大数据应用场景中，其建模过程必须采用机器学习算法对其支撑。

机器学习中的决策树算法是直观的运用统计概率分析的预测模型，它表示对象属性和对象值之间的一种映射，树中的每一个节点表示对象属性的判断条件，其分支表示符合节点条件的对象。树的叶子节点表示对象所属的预测结果，其算法过程如图所示。决策树计算复杂度不高、便于使用、而且高效，决策树可处理具有不相关特征的数据、可很容易地构造出易于理解的规则，而规则通常易于解释和理解，加上企业特征经过约简规格化后采用了布尔型二维表结构保存，因此决策树算法是适用于企业信用评价的过程的。

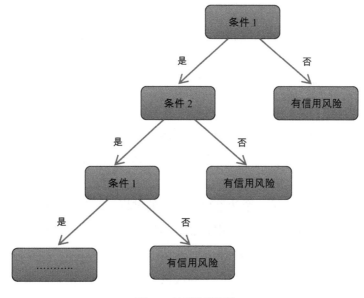

图 7-4 决策树模型

在建立模型的过程中，将约简过后的核信息作为训练特征进行决策树训练。决策树核心问题有二：一是利用 Training Data 完成决策树的生成过程；二是利用 Testing Data 完成对决策树的精简过程。

- 决策树的生长

决策树生长过程的本质是对 Training Data 反复分组（分枝）的过程，当数据分组（分枝）不再有意义——注意，什么叫分组不再有意义——时，决策树生成过程停止。因此，决策树生长的核心算法是确定数据分析的标准，即分枝标准。

分枝准涉及两方面问题：a. 如果从众多输入变量中选择最佳分组变量；b. 如果从分组变量的众多取值中找到最佳分割点。不同的决策树算法，如 C4.5、C5.0、Chaid、Quest、Cart 采用了不同策略。由于经过预处理后的信息大多数是用布尔值或有限整数值表示的，因此在企业信用评价应用中，可采用计算较为简单的信息熵决策树算法。

- 决策树的修剪

完整的决策树并不是一棵分类预测新数据对象的最佳树，其原因是完整的决策树对 Training Data 描述过于"精确"，随着决策树的生长，决策树分枝时所处理的样本数量在不断减少，决策树对数据总体珠代表程度在不断下降，越深层处的节点所体现的数据特征就越个性化，即会导致所谓的"过拟合"现象。为了避免该现象，应采取"剪枝"措施。常用的修剪技术有预修剪（Pre-Pruning）和后修剪（Post-Pruning）。

其中，Pre-Pruning 可以事先指定决策树的最大深度，或最小样本量，以防止决策树过度生长。前提是用户对变量聚会有较为清晰的把握，且要反复尝试调整，否则无法给出一个合理值。注意，决策树生长过深无法预测新数据，生长过浅亦无法预测新数据。

而 Post-pruning 是一个边修剪边检验的过程，即在决策树充分生长的基础上，设定一个允许的最大错误率，然后一边修剪子树，一边计算输出结果的精度或误差。当错误率高于最大值后，立即停止剪枝。

在企业信用评价应用中，由于其决策结论是用于判别企业是否存在信用风险，此类应用对于正确率有较高的要求，因此在剪枝中应采用 Pre-Pruning 修剪方法，且经过课题组反复试验发现其深度值大约为完整决策树深度的 85% 左右能够保证比较合理的预测结果。

（4）模型发布与应用

模型训练可利用成熟的第三方库进行，本课题采用了 Sk-learn 库中的决策树模型，在完成训练后将模型保存为 model 文件供后续应用调用，同时模型也采取了迭代的方式进行不断的优化。模型的应用调用采用 Python，并设计了 WEB 和 C/S 两种客户端的访问接口实现对外发布。本应用的整体框架如图 7-5

所示。

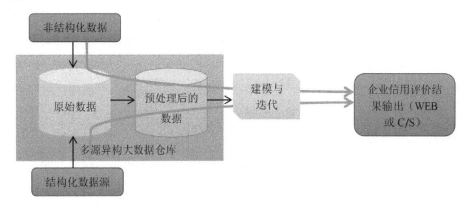

图 7-5 整体应用框架

4. 小结

在大数据环境下,信用评价问题已经不再是简单的结构化数据处理问题,评价企业的信用问题不再仅仅涉及财务、产品推广、营销等与企业经营紧密相关的信息,由于多源异构大数据采集和处理技术的支持,更加全面的企业对象数据刻画已经变得具有可操作性。在这些技术支撑下,模型刻画除了传统指标信息外,还可以包括管理团队的性格特征、价值取向等更加全面的信息,这些信息无疑能够为信用评价提供直接支撑。

7.2.5 多源异构数据在投资舆情分析中的应用

移动互联网以及各类新兴社交媒体、自媒体的快速发展,使普通用户在网络中发声的门槛显著降低,如论坛帖子、微博、博客、新闻评论、朋友圈等,成为互联网多源异构大数据中占比越来越高的构成部分,其中的信息以文本或带文本的图像、音视频为主要格式。如何有效地对这些海量信息进行挖掘,识别其中的倾向信息,并合理利用,能够有效提升多源异构大数据的价值。倾向分析也称为情感分析析,是人们对事物以及其属性持有的意见、情绪和情感的计算研究。事物可以是产品、服务、组织、个人、事件、问题或者话题。近期越来越得到广泛应用的自然语言处理(Natural Language Processing,NLP)技术能够有效的从文本中挖掘出信息发布者的态度、观点、意见和情绪,因此文本情感分析作为舆情监控的基础工作,拥有广泛的应用空间。特别是移动互联网环境下的社交网络，以"大V"为代表的"意见领袖"越来越多，新闻网站、特定领域的专业网站中的用户评论功能日趋强大，电子商务网站的用户反馈、用户评分更是成为网站的必备功能。这些文本信息无疑是具有非常大的实用价值的，从理论上来说，企业用户可以对这些文本信息进行倾向分析，进而开展精准营销、企业形象提升，甚至做到开辟新兴细分市场；普通用户可以根据这些信息来更加科学的完成自己的购买或其他行为的行为决策，使自己的支出或投入实现效益最大化。

我国经济的快速发展，使居民的收入持续增加，投资市场在理财方面发挥着越来越大的作用；同时，企业资金规模的扩大使企业理财也成为提升企业经济效益的重要手段。而近年来信息技术的快速发展使投资市场瞬息万变，以股市为代表的投资市场具有高收益、高风险的特征。如何为投资者提供科学的投资决策，降低投资风险，提高收益是很多数据科学研究者研究的热点领域。投资市场除了会受到资金流动的影响外，还会受到大量外在因素的影响，例如企业所在行业板块的业绩优劣、相关国家或地方政策的引导及其预期、相关上下游产业的业绩情况等都是股价涨跌的重要影响因素，这些影响因素在相当大的程度上会反映到相关的舆情信息中。特别是网络信息技术的进步，网络的自媒体功能不断放大，大量的投资者除了能够在网络中获取相关财经新闻等信息外，还能够以评论者的身份在新闻评论、专业论坛中发表自身的观点和见解，这些来自投资者的信息一方面能够促进投资者之间的交流沟通，另一方面这些信息也能在很大程度上影响甚至左右投资者的决策，甚至在投资市场发生动荡时会把动荡进一步放大。因此这些信息倾向分析对于优化投资者决策，预警投资市场非理性波动具有现实意义。现有大量的国内外研究已经证明，股票收益会显著反映到投资情绪上，股票在媒体的关注度表现则与股票的收益有十分显著的关联关系，而投资情绪、关注度都会在社交媒体、专业论坛等信息平台中集中体现，因此关注相关信息发布平台的信息特别是用户的发生信息对于判断股票行情具有实际的参考价值。

1. 数据来源

股市舆情主要的信息来源包括专业论坛、新闻评论、微博、微信等，其中专业论坛和新闻评论由于其在投资领域的专注度较高，因此相关用户的评论或发布的信息具有较强的参考价值,且这两种信息来源均采用网页作为发布载体,信息获取难度较低,而微博、微信由于承载内容种类过于复杂且部分内容访问需要用户权限,因此在这里主要考虑以 WEB 方式发布的用户评论信息。

在获取 WEB 页面信息的过程中,可以利用网络爬虫这一工具实现快速、准确的信息获取。由于爬虫是根据预设的 URL 地址获取并分析网页,分析网页中的数据和 URL,并按照一定的策略在 URL 中选择下一步要获取的页面,直到满足结束条件为止。完成数据爬取后,即可对数据进行分析,作为后期分析舆情情感倾向的基本准备工作。

2. 数据基本处理步骤

股票舆情分析最终的目的是分析网络用户对某支或某类股票的看涨或看跌的情绪,因而可以归为情感分析问题。在爬取的数据中实现情感分析,则主要会用到分词、词语标注、文本分类等操作。

例如在某股吧的信息评论中,某用户的发布的评论如下:"提前结束跌停,但还没有跌到位,等着进一步下探后买入"。在这段文本中,可以获得如下信息:

第一句表现出了对当前股票价格下跌的情况表述,即"提前结束跌停",表明该股票价格进一步猛烈下跌的趋势得到遏制,表现了该信息发布者的正面情绪倾向;第二句"还没有跌到位"表明该信息发布者认为该股票价格会进一步下挫,说明在此问题上该信息发布者持负面情绪。此外,由于股市信息具有很强的时间效应,因此时间也是投资情绪倾向描述的重要信息。因此,此类信息可以用四元组来组成 (o, i, u, t),其中"o"为描述对象,即被评价的股票;"i"代表该描述的倾向,在此可以为正向和负向;"u"代表发布者信息;"t"代表信息发布时间。此外,对于某支股票来说,会有很多特征会对股价的看涨或看跌产生影响,例如转手率、市盈率、大宗交易、收益率以及其他可能被关注的开放指标信息等,因此最终的信息描述需要用五元组来表示(o, c, i, u, t),其中"c"代表特征指标信息。

因此,完成五元组描述信息数据源的构建则是获取原始数据后需要完成的基本目标,为了实现该目标,针对某个特定的文本书档,需要主要完成如下几个处理步骤:

（1）描述对象信息的提取和分类，在此需要提取文档中的描述对象，并将相同的描述对象汇总形成实体集合，主要需要依靠分词和自然语言处理技术。

（2）特征信息的提取与分类，汇总后形成特征集合，也主要依靠分词和自然语言处理技术。

（3）观点持有者提取，该数据提取十分简单，直接从文本或者结构化数据中提取观点持有者信息即可。

（4）时间提取与标准化，即提取观点发布的时间并转换为标准格式。

（5）特征的情感倾向分析。检测实体中某个特征的情感倾向是正向、负向还是中性的，或者给出情感等级。

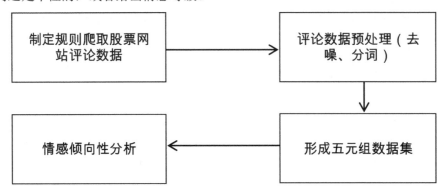

图 7-6 数据爬取及处理流程图

3.倾向分析与股市趋势关联

（1）预处理具体过程

去除噪声和无关文本信息：从股吧或财经网站采集的原始评论中往往存在很多冗余评论，例如同一个用户针对同一支股票在较短时间内反复发布的相同评论，或者有些评论的信息是来自于某些无关的复制粘贴，或大段的广告或带有网址的网站推广信息等，这些数据会对股票评论的情感分析结果产生很大的影响，因此应对这类噪声数据作出处理，删除无用的扰动数据和冗余信息。此外，为了更有效的保证文本质量，应当对采集到的语料进行错别字纠正、拼音或英语转换为正常用词、网络流行语转换为正常用词等操作。

倾向性情感度量：模型选取词语作为基本特征单元，即提取其中带有对股票观点信息的名词、动词、副词,例如"看涨""看跌""走势""看好"等,本书采用的方法是将情感词按照其情绪表达程度和正负向含义表示为[-2,-1,0,1,2]共 5 个等级。此外,考虑到这些观点词之前可能存在例如"极为""可能""非常""十分""稍微"之类的修饰副词,这些修饰副词与之前的观点信息词的组合能够对情感表达起到强化或弱化的作用,在此采用了给修饰副词设定强化系数,并将该系数作为情感等级值的系数,强化系数初始值取值为[-1.5, -1, -0.5, 0.5, 1, 1.5]共六个等级,并可根据实际需要进行整定。这样,通过情感信息词的统计及其与修饰副词的搭配即可得到某网络评论的情感表达等级值。

得到每个观点词及其修饰副词组成的情感表达值后,通过整合该评论中每个观点词的情感表达,即

$$i = \sum_{j=1}^{n} c_j e_j$$

式中,i 为五元组中的描述倾向,c_j 为修饰副词的强化系数,e_j 为情感描述信息的等级表达,在通过获取的用户信息和时间信息,则可以完成五元组的构建。

(2)形成训练集完成模型训练

由于采用了情感等级值和强化系数作为个股评论情感度量,因此可以针对某个股形成由历史价格涨跌数据、相关五元组数据组成的数据集,从其关联关系以及强化系数的整定需求来看,可以采用常见的数据挖掘算法进行参数整定,因此历史数据集可作为训练集来进行处理。此外,为了更加直接的完成模型训练,可将股票的历史涨跌行情作为市场整体情感倾向的结果来对待,在此可将其分为[MO, O, NO, N, NP, P, MP]这几个等级,等级划分是根据股票的实际涨跌幅度而定,其中 MO 和 MP 分别对应涨停和跌停。这样,即完成了原始数据的基本规格化操作。

(3)选择适当的训练模型

回归模型:

回归分析是对客观事物数量依存关系的分析是数理统计中的一个常用的

方法，是处理多个变量之间相互关系的一种数学方法，因此较为广泛的应用在模型学习训练中。根据因变量和自变量之间关系的不同，常见的回归模型主要有线性回归和非线性回归。线性回归模型就是指因变量和自变量之间的关系是直线型的，回归分析预测法中最简单和最常用的是线性回归预测法；在实际的中很多的现象之间的关系并不是线性关系或者不是近似线性的关系，对这种类型现象的分析预测一般要应用非线性回归预测，通过变量代换将很多非线性回归转化为线性回归。

支持向量机：

支持向量机（Support Vector Machine，SVM）是一类按监督学习（supervised learning）方式对数据进行二元分类（binary classification）的广义线性分类器（generalized linear classifier），其决策边界是对学习样本求解的最大边距超平面（maximum-margin hyperplane）。SVM 使用铰链损失函数（hinge loss）计算经验风险（empirical risk）并在求解系统中加入了正则化项以优化结构风险（structural risk），是一个具有稀疏性和稳健性的分类器。SVM 可以通过核方法（kernel method）进行非线性分类，是常见的核学习（kernel learning）方法之一。

神经网络：

人工神经网络（Artificial Neural Network，ANN）简称神经网络(NN)。是基于生物学中神经网络的基本原理，在理解和抽象了人脑结构和外界刺激响应机制后，以网络拓扑知识为理论基础，模拟人脑的神经系统对复杂信息的处理机制的一种数学模型。人工神经网络模型以并行分布的处理能力、高容错性、智能化和自学习等能力为其主要特征特征，能够将信息的加工和存储结合在一起。因此，人工神经我忘了实际上是一个有大量简单元件相互连接而成的复杂网络，具有高度的非线性特征适应能力，能够进行复杂的逻辑操作和非线性关系实现的系统。

（4）验证测试

在形成数据集时，本书采用了某建筑领域上市公司 2018 年上半年的历史涨跌数据，并到股吧和财经网站中利用爬虫爬取了对应该半年的用户评价数据约 6000 条，形成五元组后，与股票的实际涨跌数据形成了情感倾向数据集，选取其中前 80%作为训练集，并利用其余的 20%作为测试集。除利用五元组数据外，传统技术指标数据仍然是与股票涨跌强相关的数据，在此本书选取了开盘价、收盘价、最高价、最低价、移动平均线、能量潮、主力进出共 12 个技术指标数据作为训练集指标。

在模型选择方面，考虑到股票评论数据以及股票涨跌行情之间存在较为明显的非线性关系特征，故在此选用支持向量机和神经网络分别进行模型训练，并利用测试集检测预测模型的效果，最终形成的预测结论和实际股票的涨跌情况如图 7-7、图 7-8 所示。

首先是利用支持向量机模型训练后预测的效果图。图中横向的曲线为股票的实际收盘价格的波动情况，虚线曲线为模型预测的结果。从图中的预测结果可以看出，采用支持向量机模型通过训练数据学习后，其预测的股票波动趋势大体上与股票的实际运行趋势相符，说明采用基于舆情的情感倾向分析是能够体现出用户股票买卖的意向的。从图中结果也可以看出预测结果的波动要明显高于股票的实际波动幅度，一方面股票监管由于有涨停和跌停机制的存在，其一定周期内的波动幅度能够被控制在一定范围内，而模型中并未加此限制条件，故会产生于模型预测之间的差异；另一方面，由于训练数据特别是爬取数据数量有限，部分扰动数据的作用可能被放大，会影响模型训练的质量。

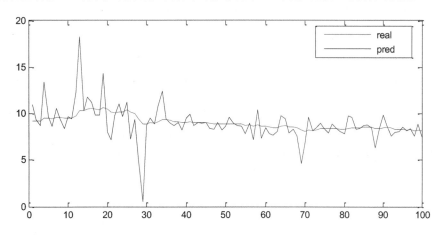

图 7-7 支持向量机模型的预测结果

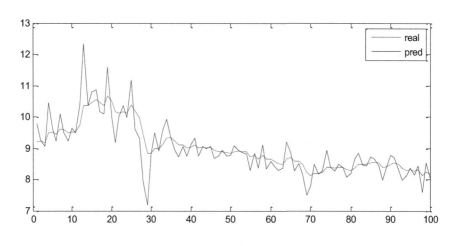

图 7-8 神经网络模型预测结果

从神经网络模型的预测结果来看,该模型预支持向量机相比具有很大的相似度,即股票的整体价格波动趋势与股票的波动趋势大体相符,但也存在波动幅度较大和趋势延后的情况。当然,也应当看到神经网络的预测结果的整体波动幅度略小于支持向量机模型,说明在当前训练数据集的条件下神经网络模型的训练效果略优。

4. 小结

股市波动情况会受到很多种内外因素的影响,传统的仅仅基于纯股市指标数据的方式已经被证明了无法准确的预测股市的涨跌,本书在传统指标数据的基础上,利用情感倾向五元组完成了对个股舆情情感倾向的描述,并将五元组与传统指标数据相结合形成训练数据集,利用了支持向量机和神经网络这两个数据挖掘算法对利用多源异构数据在股市预测中的有效性进行了验证。验证结果表明,无论是支持向量机模型还是神经网络模型,均能够大体实现符合实际的股票涨跌趋势预测,表明利用多源异构大数据是实现股市分析精确度的有效方法;预测结果与实际股票收盘价相比,其震动幅度较大且存在着一定的滞后性,课题组认为这一方面是在训练过程中未深入股市的监管规则,另一方面是指标数据的广泛度有限造成的,因此课题组认为采用更加开放的指标数据集,即更加突出指标数据的多源异构性能够对模型训练质量的改进提供帮助。

7.3 本章结论及展望

随着以云计算为代表的大数据支撑平台的日趋成熟,以及以深度学习为代表的模式识别、自然语言处理等技术的不断进步,大数据的获取、存储和处理等流程的技术支撑条件在不断得到改善,为多源异构数据仓库的构建以及数据的挖掘和利用提供了更多的便利。在经济活动中,无论是企业还是个人均需要一个更加透明的数据支撑,从而为相关的决策提供更加可靠的信息支持,利用更加开放的多源异构大数据,结合目前最新的无监督学习理论,未来的企业数据指标刻画将能够在更加开放的模式下进行,从而使企业经营风险预警、金融投资预警更加科学、快速和有效;对于个人和企业来说,投资是使资产增值的有效途径,在多源异构大数据的支撑下,投资环境的信息不对称将进一步被弱化,这可以使投资环境得到进一步改善,从而使投资回归对经济支撑的本源上来,减少恶意投资的发生概率,从而进一步促进金融公平乃至社会公平,推动社会经济健康发展。

第 8 章　多源异构数据在个人信用评估中的应用

随着互联网技术的不断发展，互联网诚信问题逐渐成为研究热点，国家主席习近平同志在 2017 年 12 月 3 日致第四届世界互联网大会的贺信上指出，"互联网发展是无国界、无边界的，利用好、发展好、治理好互联网必须深化网络空间国际合作，携手构建网络空间命运共同体。"如何充分利用互联网各类结构化、非结构化基础数据实现各类数据的有效安全应用，以及在开放的、国际化的互联网环境中建立各交易双方之间的信任关系，这是一个亟待解决的现实问题。

在互联网诚信建设中，对个人综合信用的评估和不断完善不仅对于构建互联网诚信以及规范和约束个人的社会行为具有举足轻重的作用，而且也为与征信工作相关的各机构和企业提供必要的参考依据。而现代的个人信用评估需要实时高效地处理多源异构的数据，然而受到个人隐私、信息系统数据库的构成等因素的制约，传统的社会信用信息具有信息量大、实时性高、极端分散异构和不对称等方面的特点，不同来源的信息系统所产生的海量数据无法实现互通，而这使得有效数据难以得到充分利用，不利于统一管理，不符合当今大数据时代背景下对数据管理和使用的需求，严重制约了个人信用的正确评价。因此，个人信用评估体系的合理构建离不开多源异构数据的融合。

8.1 个人信用评估相关理论概述

在构建诚信社会的时代背景下，信用评估显得尤其重要。根据授信对象的不同，信用又可分为个人信用、企业信用和政府信用三种，由于后两者的基本组成都是个人，所有的社会活动和经济活动都离不开个人的参与。因此，构建诚信社会的基础和关键可归结为对个人信用的要求。

8.1.1 个人信用的基本含义

在不同的时代背景和文化背景下，信用的涵义也不尽相同。在中国传统文化中，信用是建立在个人道德和个人感情的基础上并且与中国传统文化所倡导的伦理道德观念相互影响，个人立身处世和交友的基本原则，由于传统社会人际关系较现代社会简单，因此其影响范围较小；信用在西方传统文化中，可追溯至古罗马哲学家西塞罗对"信"的定义，信用是"对承诺和协议的遵守和兑现。因西方社会的商品贸易经济发展较早，信用作为商业文明的产物，被纳入契约观念的体系，发展到现在成为了西方国家民主的重要组成要素。

在如今科技发达以及经济全球化的时代背景下，信用的涵义也在不断地发展变化，除了原有道德层面的涵义外，在经济层面有了新的变化，在法律层面上也有了新的扩展。从法律视角看，信用是契约双方应享有的权利和应尽的义务以及契约双方之间所存在的契约关系；我国《合同法》中规定"当事人对他人诚实不欺，讲求信用、恪守诺言，并且在合同的内容、意义及适用等方面产生纠纷时要依据诚实信用原则来解释合同"。从经济视角看，信用又有广义和狭义之分：广义的信用是诚信与偿付能力主观与客观上的统一；狭义的信用是指债务双方之间的借贷关系。本研究中的所涉及的信用是经济层面上的广义的信用。

根据以上有关信用的涵义的阐述，可以明确本研究所指的个人信用是指个人在商品借贷过程中，反映出的道德观念、法律观念和经济偿还行为等综合信息。也就是说，个人信用是指个人在社会经济生活中发生借贷关系后所反映出的还贷意愿和偿还能力。在大数据技术不断推进、互联网金融快速发展的现代社会背景下，要想有效评估个人信用就需要准确判断偿还能力和还贷意愿，除了要收集个人的基本情况、资产、收入情况、职业背景等以外，还要了解个人的历史信用记录，包括其信用消费记录、历史贷款还款记录、纳税情况等个人信息。另外，与个人相关的社会关系的基本情况也是对个人信用评估起着重要作用的影响因素，因此还需要了解个人所在家庭的住房贷款、汽车贷款、教育贷款等方面。

8.1.2 个人征信的基本含义

征信是指在法律允许的范围内，对自然人、法人或其他组织的信用信息资料进行采集、整理和分析，并在此基础上对外提供信用信息咨询、调查和信用评估的活动。征信最初是在传统的金融机构中开展的活动，其主要目的是以企业或个人的各种交易记录为依据，对这些数据经过科学手段的整理与分析，从侧面了解用户的消费习惯和信用状况，从而为金融机构进行企业或个人的信贷业务开展提供有效的参考依据，为信用风险的防控提供必要的支持。根据征信的对象不同，可以将征信分为企业征信和个人征信两大类。其中的个人信用征信又称为个人信用联合征信，是指信用征信机构经过与商业银行及有关部门和单位的约定，把分散在各商业银行和社会有关方面的法人和自然人信用信息，进行采集、加工、储存，形成信用信息数据库，为其客户了解相关法人和自然人信用状况提供服务的经营性活动。

8.2 国内外个人征信体系发展概述

西方发达国家由于步入工业社会时期较早，因此其征信体系的构建起步也远早于我国，其监管体系也日趋成熟。目前国外的个人信用体系主要有两种模式：第一种是政府和中央银行为主导的模式，国家和政府需要投入大量的财力和人力，适用于市经济不太发达，相关法律法规不够健全的国家；第二种模式是完全依靠市场动作，以市场为主导，因此适用于在完善的法律法规保障下的，市场经济发达的国家。其中，第二种模式最具代表性的是美国的个人征信三大巨头公司益博睿（Experian）、艾可菲（Equifax）、全联（Trans Union），欧洲则以德国、法国和意大利为代表的第一种模式，以中央银行等金融监管部门建立的中央信贷登记系统以及日本的以全国银行个人信用信息中心、日本信用卡产业协会和全国信用信息中心三家为代表的个人征信机构以及以银行协会建立的会员制征信机构与商业性征信机构共同组成的个人信用管理体系。其中的全国个人信用信息中心虽隶属于日本银行协会，且其性质为非盈利性机构，但作为会员自愿加入的各金融机构需要定期交纳会费。

8.2.1 美国个人征信体系发展概述

美国个人征信行业的发展历经 100 多年，从 19 世纪末开始，美国工业领域的快速发展使得消费信用不断兴起，1860 年在美国布鲁克林成立了首家个人信用局，其性质是非盈利性的，且其主要的服务对象为零售商。到 20 世纪 30 年代随着第一次世界经济危机的爆发，信用违约率的不断上升迫使美国政府出台了一系列政策控制信用风险，推动了征信机构的大量涌现，随着二战后美国经济的快速发展，国民消费水平的日益增长，更促进了美国征信市场的快速发展。20 世纪 60 年代末，美国征信公司数量达到 2,200 家。这一时期征信机构开始逐渐转变为盈利性机构，但大部分征信机构由于美国国情及地域等方面的因素的影响仍为区域性公司。到 20 世纪 70 年代美国相继出台 17 部法律对征信需求方、授信方、消费者和行业自身进行了全方位立法，形成以美国公平信用报告法为核心的法律体系，为征信市场的健康发展奠定了坚实基础。20 世纪 80 年代至 20 世纪末，这一时期的征信机构受到互联网信息技术兴起的驱动以及全国性银行大规模整合等冲击，区域性的小公司被大公司并购，数量逐渐减少为目前的 400 家左右，45 年的时间数量减少 82%。全国性的征信巨头在这一时期也逐渐出现。其中以全联公司为典型代表，该公司从 1988 年开始提供个人征信服务，经过并购 40 家地方征信局后，逐渐成为美国三大征信巨头之一，其中三大巨头公司的对比如表 8-1 所示。根据 1997 年美国《服务业普查》数据显示，规模前四位征信局的收入总和占比整个行业总收入的 50%以上。

表 8-1 美国三大征信机构对比

机构对比	益博睿	艾可菲	全联
成立时间	1996 年	1899 年	1968 年
信息来源	金融机构	来源最广，包括金融机构、抵押贷款、消费者和雇佣者	金融机构
市场规模	营收规模最大、覆盖范围最广		
业务布局	拥有海外业务；已进入中国市场；国	集中于美国本土，北美占据其 8 成收入	拥有海外业务，已进入中国市场；国内外

	内外的业务占比基本持平		的业务占比基本持平
业务优势	擅长数据处理和征信评估	产品丰富，共40多种征信产品；可对无信用消费者如移民居住者、留学生进行信用评估	擅长风险管理，防盗保护多维度定制管理，可在不同行业估算潜在风险

从 21 世纪开始，随着经济全球化进程的日益推进，美国个人征信市场已经形成益博睿、艾可菲、全联三足鼎立的稳定格局，各地的小型征信机构则依附于三家巨头开展业务，如图 8-1 所示。征信机构更加专业化和全球化，业务不断丰富完善，不断涌现创新出新的服务产品，提供多样化增值服务，开放更多元的征信应用。与此同时，美国的征信机构还加快了拓展海外市场的步伐，已逐渐在全球征信领域中占据重要地位。

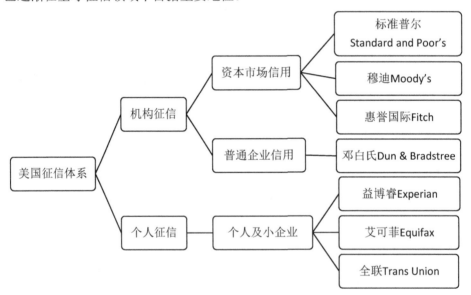

图 8-1 美国征信体系构成图

近几年，互联网创业公司以专业化的定位，逐渐在高度集中化的市场中崭露头角。其中，以 Credit Karma 和 ZestFinance 两家公司为典型代表。成立于 2008 年的 Credit Karma 向用户提供免费信用报告和在线查询信用积分服务，同时帮助用户寻找信价比最高的金融产品，主要通过金融机构的分成来获取利润。而成立于 2009 年的 ZestFinance 其核心竞争力在于数据挖掘能

第 8 章 多源异构数据在个人信用评估中的应用

力和模型开发能力,其擅长利用 10 个预测分析模型,对上万条原始信息数据快速进行分析,并得到最终消费者信用评分。在 2015 年获得京东投资,双方成立名为 JD-ZestFinanceGaia 的合资公司,其信用模型将应用于京东金融的消费金融体系。

纵观美国征信行业 100 多年的发展历史,信息技术的发展、消费信贷需求、信用卡的出现、金融机构大型化、法律完善等多重因素推动了美国征信市场的迅猛发展。同时,可以看出其发展模式完全是自下而上的,由征信机构自由成长、层出不穷到兼并整合、巨头逐渐突显,整个过程是纯市场化运作,政府不参与其中,只是进行市场协调、立法执法活动。在监管体制方面,从美国征信体系的发展历程也可以看出其对征信市场是以行业自律为主,行政监管为辅。鉴于美国的政治体制和市场发展等因素,美国的信用管理体系呈"双级多头"的管理状态。双级是指除了联邦监管,各州都设有各自的信用监管机构。但是美国并没有设立一个统一的监管部门,而是由多个部门从行政和司法方面对金融和非金融机构进行监管、再加上民间行业协会组织的管理自律,最终形成多头监管的格局。

美国征信行业产业链也已经发展到完善的阶段,主要包括数据收集、数据处理、形成产品和产品应用四个环节,其中,数据处理和形成产品是关键环节,如图 8-2 所示。

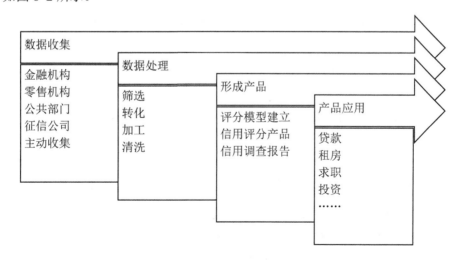

图 8-2 美国征信行业产业链

（1）数据收集环节，数据来源主要有四方面：
①金融和零售等机构免费提供；
②公共部门的数据交由第三方数据处理公司简单处理后，收取一定费用；
③征信公司之间进行信息共享，并收取费用；
④主动到相关企业或个人工作地调查收集，自身承担相应费用。

（2）数据处理环节：通过采取个人数据配对处理、特征变量和数据库技术，对数据进行筛选、转化、加工和清洗。同时，美国信用局协会制定了用于个人征信业务的统一标准数据报告和采集格式——Metro1 和 Metro2，规定任何企业都要使用统一规范的格式提供信息。

（3）形成产品环节：在数据处理的基础上，建立评分模型，形成信用评分产品、信用调查报告等产品，例如，Experian 每天约生产 50 万份信贷决策。

（4）产品应用环节：便是将数据和产品运用到各种场景中，比如办理贷款业务、租房等，主要客户包括金融机构、授信机构、公共机构、雇主企业、个人等。

另外，美国利用 FICO 评分系统建立个人信用统一量化标准。FICO 评分系统是由 Fair Isaac 公司发明的，目前已经被美国联邦贸易委员会承认，美国的三大征信机构都采用 FICO 评分系统来量化个人信用质量和风险。FICO 模型由五部分组成，包括用户以往的信贷付款记录（35%），主要包括信用卡还款记录、分期付款和抵押贷款的还款记录，以此分析用户的还款能力和还款行为；用户已有的信用账户数（30%），信用账户数越多，各账户的贷款余额总和越大，意味着用户的还款能力越有限；信用历史期限（15%），信用历史越长说明该类用户的违约风险更小一些，但这部分不是绝对因素，信用历史的长短与用户的年龄和消费习惯的改变有很大的关系，因此对于信用历史短的用户，还可以参考其余信用资料，若证明其有良好的信用记录也可以获得较高的信用分数；新开账户（10%），新开账户数越多说明用户在近期时间内负债较多，更有可能存在恶意透支的情况；已用信用产品（10%）。FICO 得出的信用分数范围为 300~850，分数越高，代表用户信用风险越小。FICO 标准充分考虑了美国的国情，对部分涉及用户较为敏感个人隐私方面的因素，诸如年龄、肤色、性别、婚姻状况、居住地等不列入评分范围。

8.2.2 欧洲个人征信体系发展概述

欧洲各国的征信体系结构各有不同，其中英国的征信机构是私有化的，意大利的征信机构则是公共征信机构与民营征信机构并存，且双方的业务范围也有所不同，公共征信主要的目的是为中央银行更新有效地监督金融市场的运转是否正常，因而其主要任务是对公司和贷款额巨大的个人信息进行采集与分析，以防范可能发生的金融风险；民营征信公司则主要为需要获取客户信用信息而开展自身业务的普通公司所服务，因而其采集的主要信息也以个人客户为主，采集信息量大，信息来源多，人群分布广。

在欧洲更具代表性的是德国和法国的征信模式——采用以中央银行为主导建立中央信贷登记系统，又称为欧洲模式。该模式所提供的征信信息是由政府投入资金建立全国范围内的征信数据库网络，以便于中央银行进行金融监管和货币政策决策，也为银行内部使用以用于防范银行的贷款风险，且其管理机构是隶属于中央银行的非盈利性机构。

欧洲模式的征信体系中数据来源主要以强制性的手段要求商业银行、基金会、保险公司、金融中介、外资银行提供信用信息为主，在最大程度上保证了信息的全面性和真实性，也在信息获取方面减少了行政方面的阻力，但其个人信用信息来源相对美国的个人信息来源窄，法国的个人征信体系中没有来自税务机关、资产登记系统、法院等非金融机构的信息，而能够在一定程度上反应用户信用行为习惯的信用卡债务信息收集也较小，只占总信用卡信息总量的三分之一左右。且由于征信业由中央银行垄断，所以个人信用登记机构的效率较低、缺乏活力。

8.2.3 日本个人征信体系发展概述

日本的征信体系虽发展较早，但早期主要是以企业征信为主，有关个人征信体系的发展开始于 20 世纪 60 年代，以行业协会的形式以信息互通为目的，到 1988 年正式建立了个人信用数据中心，是目前日本最大的个人信用征信机构，之后日本信用卡产业协会和全国信用信息中心也成立了相应的机构，构成了目前日本个人征信市场最大的三家个人信用征信机构。另外日本也存在像帝国数据银行之类的盈利性征信公司为社会提供信用调查服务。个人信用数据中心是由日本银行协会创建的下属机构，其主要目的是为了实现信息互换，是非盈利性机构。该中心在收集信息时向相应的信息提供方付费，在向协会会员提供自身信息时收费，保持收支平衡，实质上是为需要个人征信信息的机构提供了一种共享信用信息的机制。

日本的个人信用体系模式与欧洲国家的政府主导模式以及美国的市场主导模式都不同，其主要是由日本的国情决定的，日本的行业协会在本国经济和个人信用方面的影响力较大。日本具有代表性的三大征信机构所属协会的会员基本覆盖了金融、商业、零售业、流通业等各个行业。其优势在于会员银行自愿加入协会，可选择余地较大，缺点在于其征信模式是协会会员自发创建，各协会所采集的信息仅能代表自身行业，且政府无法采用行政手段干预，因此在数据采集阶段阻力较大，协会采集的个人信息较为分散，准确度和完整性有待验证，无法保证个人信用体系在全社会范围内推广。

8.2.4 我国个人征信体系发展概述

我国的个人征信发展起步较晚，从 1999 年 7 月的上海资信进行个人征信试点；2004 年 12 月以北京、重庆、深圳、西安、南宁、绵阳、湖州七个城市作为央行确定的个人征信系统试点城市构建的全国统一的个人信用信息基础数据库投入试运行，这七个城市范围内的各国有独资商业银行、股份制商业银行和城市商业银行开通联网查询功能；2015 年 1 月，中国电商阿里巴巴与金融机构合作推出了反映个人信用的评价工具 "芝麻信用"；一直到 2018 年 2 月央行向百行征信有限公司发放了国内第一张个人征信业务牌照，个人征信在国内的发展到目前不足 20 年。早期的个人征信主要是政府主导下的以金融行业为主开展的非盈利性征信活动，其主要目的是为了监控和预防可能出现的信用风险。因此我国早期的个人征信均是传统的金融机构合作对用户的个人数据进行收集、整理和分析以便预测可能出现的信用风险。随着本世纪我国电子商务和互联网金融业的快速发展，个人征信业务的需求量也在快速增长，民间出现了以盈利性为目的的个人信用评价机构，国家也相继出台了一系列的法律法规以规范个人征信活动。2014 年国务院颁发的《社会信用体系建设规划纲要（2014—2020 年）》，规定了我国到 2020 年要建立起社会信用基础性法律法规，健全我国信用监管体制，使我们的信用服务市场体系更加完善，更是将社会诚信机制建设提升到国家战略层面。从我国个人征信体系发展路径来看，我国可借鉴美国的经验，考虑到我国的基本国情，应采取先由政府和中央银行牵头，再转向以民间信用中介机构为主体的模式来组建我国个人信用征信机构。

近年我国的互联网金融产业发展迅速，征信业务的需求量激增、征信产品更加丰富、征信相关信息范围逐步扩大、征信机构日趋多元化的态势，从一定程度上促进了我国征信体系的建设速度，为我国征信体系不断完善奠定了强有力的基础，促进了我国征信体系在近几年得到了快速的发展。然而我国的个人征信尚未完善，目前仍存在一定的问题，主要体现在网络安全防护能力仍不足，后台数据结构多源不易管理，用户隐私泄露及个人信用信息获取方面存在法律缺失，监管机制仍不够完善等方面。

8.3 国内外个人信用评估研究进展

个人信用评估主要是指信用评估机构或金融机构对个人用户的基本个人情况、家庭情况、个人资产及固定收入情况、历史信贷情况、历史消费情况以及诉讼记录等相关个人信用信息采用合法手段收集整理的基础上，采用科学严谨的数据分析方法对用户能够履行所承诺的经济能力及个人意愿进行评估和量化。随着科技水平的不断提高，国内外研究学者对个人信用评估的技术手段也从20世纪40年代传统的统计学、运筹学逐步引入了数据挖掘、大数据、人工智能领域的最新研究成果。

8.3.1 个人信用评估的基本流程

通常个人信用评估可划分成六个环节：个人信用评估目标确定；相关数据采集；评估指标数据预处理；个人信用评估模型建立；个人信用评估模型效果检验与评价；模型应用，具体过程如图8-3所示。

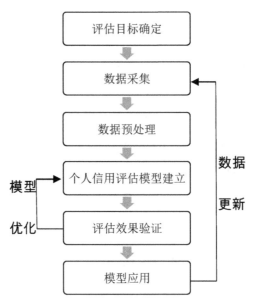

图 8-3 个人信用评估基本流程图

第一阶段：个人信用评估目标的确定主要需要相关的领域专家或业内人士来确定个人信用评估的目的和目标是什么，可以分为三种情况：一是对用户借贷行为能否正常履约还款的贷款申请评估，也是目前个人信用评估研究的主要方向；二是在用户申请贷款成功后进入还款阶段时，对用户使用贷款和还款行为评估；三是对于贷款用户为信贷机构所带来的利润的评估，是目前的研究热点领域。

随着第一阶段设定评估目标的变化，在第二阶段进行采集的数据也应当进行调整，与此同时，进行数据采集时应充分考虑不同国家的法律规定、文化差异和国情差异。以中国为例，若进行的是贷款申请评估，采集的用户数据一般包括：性别、年龄、职业、参加工作年限、工作性质、文化程度、居住情况、婚姻状况、月收入、借贷历史等个人信息；当要进行后续还款能力评估时，应当采集贷款用户账户的平均余额、超期支付的笔数等用户还款和使用行为数据；当利润评估时，需要收集的数据应尽量包括顾客的个人消费结构、消费习惯、交易信息以及各种宏观经济变量。

从以上三个不同角度进行个人用户信用评估的数据采集侧重点可以看出，个人信用数据的采集来源主要包括以下几种：一是商业银行、证券公司等金融相关机构；二是以收集消费者社会经济行为相关数据而进行盈利目的的数据服务公司；三是用户主动授权的查询行为；四是政府机构统计并公开的政府数据等公共记录，由于公共记录来源复杂、属性多样以及各个部门记录统计标准结构不一等原因，个人信用信息极易受到噪声数据、遗漏数据和不一致性数据的侵扰，这些多源异构数据由于信息量大、涉及范围广，是影响个人信用评估的重要决策依据，因此是目前研究的热点和难点问题。

第三个阶段指标数据的预处理是个人信用评估的重要环节，直接关系到后续建立的评估模型的可靠性，预处理技术主要包括对有缺失、异常或重复数据的清洗操作；建立适应建模形式的标准化、规范化、离散化、简洁化又不失数据原有语义信息的数据变换操作和数据规约操作。

第四阶段的个人信用评估模型的建立在早期主要以多元线性回归，逻辑回归、K邻近算法、决策树方法为主；到本世纪大数据技术的快速发展又出现了人工智能、神经网络、支持向量机、遗传算法、粗糙集为代表的评估算法。

8.3.2 国外个人信用评估方法研究进展

由于国外对于个人信用评估工作开展较早，个人信用记录较为全面，法制建设较为健全，因此有关个人信用评估方法的研究已趋于成熟。主要采用统计学、数学和信息学方面的知识构建个人信用评估模型，评估结果的准确度、稳定性和对目标用户的适用性都较好。

Durand 于 1941 年将判别分析法其用到消费者分期付款的信用评估中。1970 年，Orgler 在进行消费者贷款信用风险评估时应用了线性回归分析法，并得出了消费者的消费行为特征比申请表中所列的个人信息更能反映用户的信用状况。同年，Bierman 和 Hausman 提出了贝叶斯概率模型并应用于公司对用户的授信政策。从 20 世纪 80 年代开始，除传统的数学、统计学方法外，学者们对于个人信用评估的研究逐步开始关注非统计学评估方法的研究中。Makowski 于 1985 年将分类树应用于信贷评分领域。之后，由于粗糙集具有产生决策规则较为简单且不需要满足统计假设等方面的优点，因而被广泛应用于商业银行风险评估中。1993 年 Fogarty 等人将遗传算法优化贝叶斯分类器的系统学习方法应用于个人信用卡，并与其他机器学习方法的结果进行了交叉验证。Rosenberg 和 Gleit 于 1994 年分析了动态决策模型的判别分析、决策树和专家系统的使用,以及动态规划、线性规划和马尔可夫链的应用,并研究了神经网络在信用决策和防范欺诈等领域上的应用。Baesens 在 2003 年将神经网络规则提取技术应用于信用风险评估中。并将提取出的规则构建决策表,以便使用者通过用户申请表了解信用评估优劣的依据是什么,并指出神经网络规则提取技术可以为信用风险评估构建先进的、用户友好的决策支持系统。Noh 和 Roh 于 2005 年提出了基于生存的方法预测个人违约概率的能力,并开发了一个基于生存的信用风险模型用于评估不同变量在预测违约时的相对重要性,将其应用于个人信用卡账户数据集。Khashman 于 2010 年介绍了一种基于反向传播学习算法的基于监控神经网络模型的信用风险评估系统,并使用德国信用申请审批数据集验证了该模型的有效性,适用于快速自动处理个人用户的信用申请。

8.3.3 国内个人信用评估方法研究进展

从 20 世纪 90 年代中期开始,由于我们经济的快速发展以及消费模式的不断变化,个人信用评估需求有所激增,我国学者开始关注个人信用评估体系的建立,有关评估方法的研究是从 2000 年之后开始的。前期主要集中在统计学、机器学习等单一领域,中期则关注与统计学与机器学习技术的交叉融合,目前随着大数据技术的发展,更多的学者则将研究重点放在多源异构数据的整合和应用等方面。

2003 年,姜明辉等人分析了分类树、线性判别分析方法在个人信用评估领域的优势,并构建了符合中国用户特点的指标体系对这两种方法进行了效果验证,证明了这两种方法在分类准确度方面的优势。同年,徐少锋等人通过对以信贷申请书定量风险分析采用 Logistic 回归模型,并应用该模型对美国花旗银行 1999 年部分客户贷款量数据进行了实证分析。2004 年,沈翠华等人将支持向量机应用于个人贷款申请的评估,并比较了该方法相对于 k 最近邻法在个人信用评估领域的优势。同年,姜明辉等人将 k 近邻判别分析法应用于个人信用评估模型,并使用一个小样本集数据对模型进行了应用验证。2006 年,肖文兵等人将网格 5-折交叉确认运用于支持向量机的个人信用评估预测方法,并与传统的线性判别分析、逻辑回归分析、最近邻算法、分类回归树及神经网络进行了比较,改进后的支持向量机取得了较好的预测分类效果。同年,李旭升等人研究了三种朴素贝叶斯分类器信用评估模型的精度,并与五种神经网络个人信用评估模型进行了对比,验证了相互贝叶斯模型在个人信用评估中有分类精度高的优势。2008年,朱毅峰等人将基于卡方自动交互检测的决策树模型引入个人信用评估领域,使用实际数据对模型的可靠性进行检验,验证了该模型提高了对坏客户的正确判断率,肯定了其在个人信用评估领域的优势。姜明辉等人利用粒子群算法优化支持向量机构建了PSO-SVM模型,并将其应用于商业银行的个人信用评估中,结果表明该模型有较好的稳健性,在控制消费信贷风险方面也表现出了良好的适用性。莫茜等人将Logistic模型和马尔科夫链模型相结合得到的动态信用评分有助于进行商业银行信贷决策及客户关系管理决策。2009年,郭春香等人对贝叶斯网络信用评分模型与神经网络模型进行了测试比较,证明了前者在信用评估中分类精度上具有较高的优势。李旭升等人提出了一种将最小总风险准则与贝叶斯网络分类器相结合的新型信用评估模型,有效地减小信用评估风险。2010年,肖智等人针对信用评估指标维数较高的问题建立了基于主成分分析与支持向量机理论的个人信用评估预测模型,并验证了其具有较高的分类正确率。2011年,向晖等人提出基于多分类器组合的个人信用评估模型,并利用某商业银行信用卡数据集验证了该模型在控制消费信贷风险方面有较高的预测精度及稳健性。2012年,杜婷等人将粗糙集与支持向量机结合的方法引入个人信用评估实践。2016年,张万军提出了基于大数据环境下的个人信用风险评估模型——creditnet,并将机器学习理论中的adaboost集成学习算法应用到对子模型生成的一系列评估子模型的集成研究中,通过对不同评估能力的子模型进行集成,增强了最终模型的评估效果。

8.4 基于多源异构的个人信用评估的指标体系研究与构建

个人信用评估指标体系的构建首先要考虑的是对个人信用数据的合法获取,既要保证所获取数据的有效性,又要注意在获取数据的过程中保护用户的合法权益不受侵害。我国于2005年6月颁布的《个人信用信息基础数据库管理暂行办法》对个人信用数据的范畴进行了具体的规定:个人基本信息、个人信贷交易信息以及反映个人信用状况的其他信息。规定中的人基本信息包括自然人的职业、居住地址以及身份识别信息等；个人信贷交易信息是由商业银行提供的包括贷记卡、个人贷款、信用担保等信用交易记录；其他个人信用状况信息包括除信贷交易信息外的能够侧面反映与个人信用状况相关的其他信息。需要注意的是不同国家对于个人信用数据界定有不同的规定，在进行个人信用数据收集前要充分了解用户所在的国家的相关规定，例如美国的《公平信用机会法案》明确规定不得基于性别、地区、种族、道德等信息作为对用户授信的参考信息，用户的这些信息被视为个人隐私，受到严格的保护，因此在美国进行个人信用数据收集时一般不包括这类的个人隐私信息。

8.4.1 个人信用评估指标体系中多源异构数据的采集

根据我国有关个人信用数据的相关规定，在对用户进行信用授权前所进行的信用评估需要收集的个人信用数据应当包括：用户的姓名、年龄、性别、婚姻状况、文化程度、家庭住址、职业、参加工作年限、单位性质、收入、借贷历史等个人信息。其中用户的姓名、年龄、性别、婚姻状况、家庭住址等可以从国家公安机构获取到权威数据；用户的职业、借贷历史等可以从金融机构获取到相关数据，另外用户的家庭住址、婚姻状况、职业、单位性质、参加工作年限及收入可能会发生变更，可从金融机构获取到最新的数据信息，因此当从公安机构获取的这些可变更信息与金融机构获取的信息不一致时，应该以最近更新的信息为准。

当需要对现有的已发现信贷行为的客户进行管理时，应当收集客户账户的平均余额、错过支付的笔数等客户还款和使用行为数据。信贷交易信息的收集也较为困难，主要是由我国国民的文化传统和消费习惯决定的。我国民众更倾向于消费已获得的收入，超前消费行为的人群在总人口中所占的比重偏少，因而导致了信用信息的匮乏。另外，我国的个人信用信息主要集中在商业银行和互联网金融机构，但各商业银行与机构之间出于自身利益的角度并未实现信息共享，在向公共平台提供个人信用信息时往往会有所保留。因此，目前我国主要采取的是由人民银行管辖的全国个人信用数据采集系统。

当以信贷机构的利润最大化为目标进行个人信用评估时，需要收集的数据则更为复杂。不仅要包括顾客的个人消费特征和交易信息、还应包括零售商的商业服务收费以及各种宏观经济变量。这部分数据主要包括两方面的内容：一是来自于公、检、法以及司法、税务、工商、社保、海关等部门的个人的司法记录，例如破产、抵押、冻结资产、债务追讨、法庭判决等；二是来自于自来水公司、供电公司、供热公司、燃气公司、电信企业等公用事业部门的公用事业缴费记录，如水、电、燃气、热力、通信等的缴费记录。

综上所述，个人信用数据采集来源主要包含四个方面：第一个来源是提供消费者信用工具和服务的金融机构，包括商业银行和其他授信机构。在我国，向消费者发放信贷的机构主要包括商业银行以及部分互联网金融机构，主要涉及现金信用、零售信用和服务信用等领域，这类的付款数据来源和数据供应商较多，尤其是互联网金融在中国快速发展，数据相对庞杂，数据没有统一明确的标准，为数据的处理工作带来一定的困难；第二个来源是处于第三方地位的搜集消费者社会经济行为相关数据的数据处理公司；第三个来源是消费者查询行为，凡接触了征信机构数据文件的行为，都被视为各种各样的查询，例如消费者为了了解自己的信用记录，也会主动地到征信机构查询自己的信用档案；第四大来源是公共记录，公共记录是指政府机构掌握的且对公众开放的政府数据或记录，比如，某用户拖欠了某企业或个人资金，或在偿还资金的过程中发生了不良的行为，被列入全国失信被执行人名单的。

由于以上的个人信用数据来源庞杂，各机构时行数据记录和统计的口径不一、数据属性多样等原因，个人信用数据易受到噪声数据、遗漏数据和不一致性数据的干扰。因此在进行个人信用评估体系构建之前，要先对此类多源异构数据进行数据预处理操作，用以改善数据质量保证后续建立的个人信用评估模型的可靠性和高效性。在个人信用评分中的数据预处理技术主要包括数据清洗、数据变换和数据规约，详细内容请参见相关章节。

8.4.2 基于多源异构的个人信用评估指标体系构建原则

个人信用评估体系的构建并非将所有能够收集到的大量个人数据进行简单汇总，而是需要对其中的数据属性进行分析，确定其与个人信用评估的相关性，以免出现冗余数据和噪声数据，影响评估结果的准确性和评估的速度。

从个人信用评估指标的建立历程来看，由于早期的个人信用数据库中的数据量小，相关指标类目有限，且各指标之间的相关性不大，早期的评估指标的确定没有科学合理的标准，主要依靠专家的经验来设计和指定，指标体系相对简单，对个人信用评估的效率较高，但受专家的个人业务水平和主观因素影响较大。随着征信业务不断扩展，个人信用评估业务的重要性不断被提高，个人信用数据库需要采集的数据的来源、种类和数量也不断增多，且不同属性的数据之间的相关性也更为复杂，继续依靠专家经验进行个人信用评估已经不适用了，于是相关领域的学者们利用统计或机器学习的方法对个人信用评估指标体系进行优化，大部分学者更加关注对个人信用评估模型的建立和相关算法的研究，对于个人信用评估所需要的具体指标公布较少。表 8-2 是从部分信用机构或研究学者收集到的个人信用评估体系具体指标。

表 8-2 国内外部分信用机构及研究学者采用的个人信用指标体系

评估体系名称或学者姓名	具体指标
美国 FICO 评估体系指标（部分）	住房、现地址居住时间、职务、工龄、信用卡、银行开户情况、债务收入比例、一年以内查询次数、信用档案年限、循环信用透支账户个数、信用额度利用率、毁誉记录
欧洲某商业银行个人信用评估指标（部分）	主要住房、目前住址时间、贷款申请人年龄、与本银行业务关系、年收入、月债务偿还情况、失信情况
中国建设银行	年龄、性别、婚姻、健康、教育程度、户籍、单位类型、行业情况、职位、在本职位时间、职称、收入、家庭平均收入、在本银行的账户、储蓄账户余额、与银行的业务往、是否银行职员、是否有其他贷款
中信银行	年龄、性别、婚姻、教育程度、户籍、单位类型、行业情况、职位、在本职位时间、职称、收入、家庭平均收入、家庭净收入、其他资产、保险、是否有其他贷款
民生银行	年龄、教育程度、户籍、单位类型、职位、收入、家庭净收入、金融资产、其他资产、保险、在本银行账户、是否有不良信用记录、卡消费积分
华夏银行	年龄、性别、婚姻、健康、户籍、单位类型、职位、在本职位时间、职称、收入、家庭平均收入、金融资产、其他资产、在本银行账户、与本银行的业务往来
芝麻信用	性别、年龄、支付宝是否实名认证、使用淘宝的时间、是否在支付宝上绑定职业信息、工作单位的性质、是否在支付宝上进行房产车产登记、月平均收入、支付宝好友个数、淘气值、芝麻信用分、支付宝每月的平均消费金额、余额宝的平均余额、是否有过逾期还款的记录、是否开通蚂蚁花呗、蚂蚁花呗的授信额度、蚂蚁花呗的使用时间

(续表)

评估体系名称或学者姓名	具体指标
Kasper Roszbach	性别、婚姻状况、是否大城市、房屋、是否有注册企业、收入、收入变化、应征税资产、信用报告被查询的次数、其他无抵押贷款、已有无抵押贷款数额、已有无抵押贷款个数、已有无抵押贷款中已经使用的数额、贷款数额、担保
David Durand	性别、年龄、工作、行业、工作性质、房屋、保险账户
Kenneth Carling	年龄、性别、婚姻状况、房屋、是否有注册企业、收入、收入变化、应征税资产、拥有其他资产、信用报告被查询的次数、其他无抵押贷款、已有无抵押贷款数额、已有无抵押贷款中已经使用的数额、贷款数额
林钧跃	性别、年龄、婚姻状况、健康状况、文化程度、户口、有无子女、家庭人均年收入、家庭净资产、存款余额、现在住房情况、月还款占月收入的比例、工龄、职务、职称、单位性质、行业、平均月收入、以往还款情况、贷款记录、有无诉讼记录、有无拖欠水电等公共费用记录、是否提供担保、担保的比率、担保品的流动性、担保品价值占贷款的比重。
许佩	性别、年龄、教育程度、健康状况、职业、工作单位性质、工作年限、婚姻状况、是否为当地人、居住情况、家庭收入、家庭人口数、每月还款额占家庭收入比、资产状况、负债和支出

从表 8-2 所列出的指标体系可以看出，国外的信用机构由于受到国家对公民个人隐私保护及避免性别、种族歧视等方面的要求，主要关注用户的居住稳定情况、个人收入情况以及信用记录是否良好等方面的相关指标；而国内的商业银行并未制定统一的个人信用评估标准，各大银行对用户的户籍所在地、工作职务、工作年限、年龄及收入这几项较为重视。而对于是否银行职员、与本行的业务往来情况、之前消费积分等方面差异较大。

另外，对比国内外的个人评价指标可以看出，各国的个人信用评价指标在一定程度上反映各国的具体国情。例如，我国商业银行的个人信用评分指标体系中的户口所在地、职称和工作性质可以在很大程度上反映用户的居住稳定程度和还款能力强弱，因此常将作为国内商业银行进行放贷业务的重要参考依据。另外由于我国目前的信用体系不够成熟和完善，因而对用户的不良信用记录关注较国外信用机构少。

更为重要的是有很多能够反映个人信用行为的重要信息，如个人参保和缴费信息、个人住房公积金信息、电信用户缴费信息、纳税信息、法院执行案件信息等信息属于多源异构数据，进行收集和整合的难度较大。

8.4.3 影响个人信用的因素分析

个人信用影响因素涵盖了个人信用评估所用的所有信息，个人信用影响因素经过具体化后就是个人信用的评估指标体系。影响个人信用的因素较为复杂，其中对于诸如国内政策导向或经济发展情况等外界的宏观因素对个人信用的影响较难量化，所以本研究仅讨论微观影响因素。图 8-4 是对较为常见的个人信用影响因素的分析。

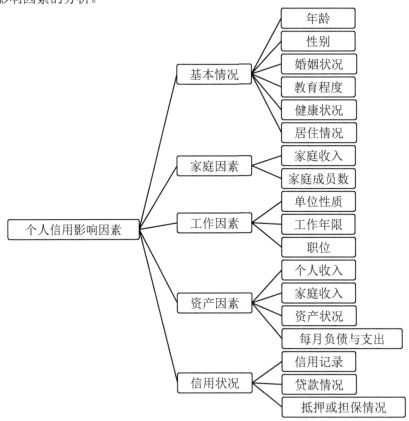

图 8-4 个人信用评估影响因素

（1）年龄：年龄对个人信用的影响是非线性的，国内外研究表明个人信用情况随年龄不断增加呈现两头低中间高的变化趋势。年轻人初入职场收入较低，工作稳定性差，而且行为更为冲动，违约概率较高，有研究表明宣布个人破产的消费者大多在 25～34 之间。随着年龄增大，具有稳定收入的中年人群违约率最低，退休后的老年人群由于身体健康或家庭成员的因素使得违约率再次升高。

（2）性别：大部分国家在同等条件下，女性的收入水平普遍低于男性，但据研究表明女性的违约风险比男性低，这主要是由于女性对财务进行规划时更为谨慎，但冲动消费的概率较高；男性对待财务的态度更加积极，由于两性在性格、预算和消费方式等方面的差异导致了信用评估结果的不同。另外，随着女性地位的不断提高，在信用评估中考虑性别因素有性别歧视的色彩，因此越来越多的国家开始考虑从个人信用评估指标体系中剔除性别属性。美国的《公平信用机会法案》明确规定了不得将性别作为信用机构进行授信活动的评价指标。国内的部分商业银行也正在取消该项指标。

（3）婚姻状况：婚姻状况能在一定程度上反映用户生活的稳定性和经济承受能力的强弱，另外其失信行为有可能对配偶和子女产生不良影响，从这两个角度看，婚姻稳定的人不易发生违约行为，具有较高的个人信用分值。但需要注意的是已婚者的经济负担也较重，在子女教育、房产添置、赡养父母方面支出较大。

（4）教育程度：一般情况下，教育程度越高的人其收入水平和个人素质也较高，尤其在我国高学历人群的消费观念超前、更加注重个人信用的积累、有按时还贷的习惯，失信的代价较大，因此普遍个人信用较高。但需要格外关注的是目前出现的大学生"校园贷"现象普遍存在，因此在考虑受教育程度的同时还应结合考虑用户的信用记录和年龄。

（5）健康状况：良好的身体状态是收入稳定的基本保障，身体健康的用户经济压力较小，对于患有慢性病或重大疾病的用户其还款能力不够稳定，表 8-2 中所列的美国 FICO 模型就将用户的身体健康状况作为个人信用评估的重要指标。

（6）居住情况：用户的居住条件和所处环境水平可在一定程度上反映用户的经济实力和还款能力。若用户频繁迁移则表明用户在当地的借款行为更倾向于投资，信用风险较大；有房产的常驻地用户的稳定性高，违约可能性较小，且一旦发生违约行为可进行资产抵押，可在很大程度上降低由于用户失信所导致的财产损失。

（7）工作情况：具体包括所在工作单位的性质类型、用户的职位以及工作年限等因素，根据中国的国情，政府机关和事业单位收入稳定、收入水平中等且有较高的社会地位,因而很少有失信行为发生。另外工作年限的长短也反应了用户生活状态的稳定与否,且在一般情况下用户的工作年限越长其收入水平也越高,较少有违约的情况发生。

(8)收入情况:收入情况需要结合用户的婚姻状况,如果是已婚状态除包括个人收入以外还需要考虑家庭成员的月收入和家庭成员的数量,有家庭成员的借款用户可以更大程度上承担信用风险。若借款人收入较低,但有较高的家庭收入,也可判定其信用风险的承受能力较强。家庭成员数量同样也反应了作为借款人的用户的经济状况和承揽信用风险的能力,家庭人口数若较多,则其还款压力相对较大,个人的信用风险也较大。目前的个人消费水平的评估主要来源于用户的工资收入,这是用户作为借款人体现其还款能力的最直接的参考依据。个人收入或家庭收入与个人信用评价结果成正相关性,家庭成员数与个人信用评价结果成负相关性。另外,在收集个人的收入情况的数据时还需要充分考虑用户收入隐私保护,可采用间接指标来体现其收入情况。

(9)资产状况:主要包括用户的金融资产和其他固定资产,可以反映用户作为借款人时可以进行信用风险抵押时的抵押物的质量。借款人在发生失信行为时,贷方根据相关规定,合法收回借款人作为抵押物的资产以减少贷方的财产损失。由于在发生借贷行为时,用户主要依靠收入偿还借款,资产只是在一定程度上作为可抵押资产和反映用户的诚实度,资产状况好的人一般情况下其信用状况也较好,但从近年频频出现的"老赖"现象中可以看出,资产状况并不能完全反应用户的信用状况。

(10)负债和支出:负债和支出与违约率呈正相关,一般情况下用户的还款额不超过家庭总入收的33%,其风险承受能力较强,这是由于负债和支出情况是用户支付能力的直接体现,由于该项数据主要由用户主动提供,不排除有用户隐瞒有隐性收入和支出情况存在,所以该项指标获取的数据是否真实可靠难以验证。

(11)信用记录:是衡量借款人的诚信行为的重要指标,信用记录实际上是反映用户以往的信用行为中的支付意愿的最直接的体现,也是影响失信概率的最要因素之一。西方国家除了将借款人的信贷的偿还情况作为衡量其信用程度的重要指标外,还将其它日常缴费的支付记录也作为对借款人的支付习惯和信用行为的重要参考依据。

以上几方面的信用影响因素比较有争议的是前三项：年龄、性别和婚姻状况，在西方国家大部分已经取消这三项作为信用影响因素。最后一项信用记录，在我国逐步受到重视，逐渐成为了衡量个人信用程度的重要指标。

8.4.4 基于多源异构的个人信用评估模型研究

目前的个人信用评估模型根据评估模型构建的理论基础分类可分为基于统计学的和基于非统计学的模型两大类；根据模型的结构划分又可分为单一模型和组合模型两类。

早期个人信用评估单一模型概述如下：

统计学类的模型主要包括早期的层次分析法、主成分分析法，以及到目前仍应用广泛的决策树、多元线性回归、多元判别分析、回归模型、贝叶斯网络等，由于这类模型研究时间长、模型本身的理论依据充分，有良好的解释性，投入使用范围广、稳定性强，且在早期个人信用数据量有限的情况下是非常适用的，目前在个人信用评估方面仍保持有较广泛的使用。

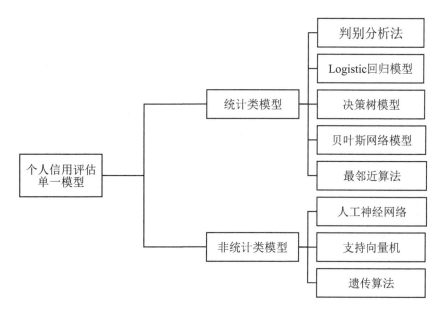

图 8-5 早期个人信用评估方法分类图

其中判别分析法中常用的是主成分分析法和层次分析法，在早期数据量不大的情况下，依靠专家经验对个人信用的有效评估中各指标的权重计算起到了极大的帮助；随着数据量的不断增多，1980 年 Wiginton 将 Logistic 回归模型运用于信用评估中，该方法是对线性回归的改进，该算法不需要对数据有严格的假设条件，且算法的稳定性好，有较好的可理解性，因而成为了应用最为广泛的评估方法之一；决策树方法又称为递归分割法，是一种非参数识别的统计学方法，决策树顾名思义由一系列节点和分支组成，其中节点表示属性，属性不同则所属的分支也不同，因此每个节点又可以有子节点，建决策树的过程就是将数据作为一个整体不断进行切分，根据属性不同将整体不断切分成多层多个分支，最具代表性的决策树算法有 ID3 和 C4.5 等，该类方法输出结果可理解性强，且具有较高的分类精度，但稳定性不足，容易出现过拟合现象；贝叶斯网络的稳定性和可理解性方面均优于决策树，且建模过程简单，其输出的网络图可直接反映描述用户信用情况属性和失信概率之间的关联，其唯一的不足之处是分类精度略低于决策树。

随着信息化社会的深入发展，个人信用相关的数据量不断增大，数据来源不断扩充，许多非结构化的个人信用相关数据不断涌现，而利用传统的统计学模型必须有诸多严格的假定条件的限制，使得其难以解决现实问题。20 世纪末人工智能和机器学习领域研究热潮兴起，支持向量机、人工神经网络、遗传算法等逐渐被应用于个人信用评估领域，由于其分类精度高，对数据的分布也不像传统统计学方法那样需要严格的假定条件限制，因而取得了较好的效果。人工神经网络于 20 世纪 80 年代提出，是一种采用误差反向传播算法训练的多层前馈神经网络。该网络模拟人类的脑神经的工作机理，其结构包括一个输入层、一个输出层和一个或多个隐藏层，其中三个隐藏层可以模拟数据间任何复杂的非线性关系，而在一般情况下为了避免过拟合现象，只设置一至两个隐藏层，在信用风险评价中运用最多的神经网络是 BP 神经网络，对于分类和预测都可以取得较高的精度和准确度，但需要大量的数据作为训练集对神经网络进行训练；在之后十年又有学者提出了支持向量机理论，改善了神经网络需要大量训练数据的缺点，可在小样本数据量的前提下取得较高的预测或分类精度，但是需要额外借助专家经验进行建模，由于这两类算法对用户和设计者来说具有"黑箱性"，即难以解释其原理，稳定性与训练数据直接相关，因而只有很少的信用机构尝试着进行相关研究并未广泛投入使用。

基于多源异构的个人信用组合模型构建如下：

目前，由于影响个人信用数据来源的多样化，数据规模也变得十分庞大，单一的评估模型显然不适用了，组合模型在医疗诊断和语音识别等方面已有成功的应用，且单一模型往往在评估结果的准确性和稳定性方面不能兼顾，而组合模型可以在最大程度上满足个人信用评估对准确性和稳定性的要求，另外并行的组合模型可大大提高个人信用评估的效率。

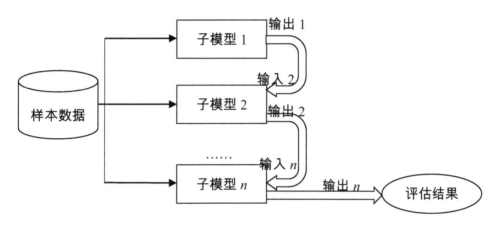

图 8-6 串行组合模型结构图

组合模型按其组成结构可分为串行和并行两种，串行结构是将单一模型按串行的方式相连接，一个单一模型的输出作为另一个的输入，其结构如 8-6 所示。若前一个单一模型结果正确，分类精度低，通过后一个模型的优化可以逐步提高评估结果的分类精度，但也存在可靠性差的缺点，这主要是由于各单一模型之间的结果是从前向后传递的，若前一个单一模型结果有误，作为后一个模型的输入后则会在后一个模型输出时使得输出结果的错误放大。串行模型的性能除了与其本身的结构相关外，还与子模型排列的顺序相关，一般在设计时尽量将稳定性好、预测精度高的单一模型排在前面。

并行结构是两个或多个单一模型按某种方式并行组合在一起，各单一模型在评估结果生成过程中互不依赖，互无干扰，与串行结构相比稳定性强，其结构如图 8-7 所示。针对多源异构数据可以根据数据的特点分类，各分类的数据属性分别采用不同的单一模型进行评估，最后根据并行组合模型的组合方式再汇总成为总的评估结果，由于各单一模型在评估结果生成时互无干扰，因而若有其中一个单一模型输出结果有误，对最终的评估结果影响也较小，因此成为了个人信用评价的研究热点。

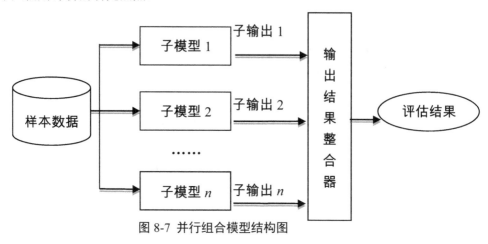

图 8-7 并行组合模型结构图

8.4.5 多源异构个人信用评估的发展方向

随着大数据技术的不断发展，具有多源异构特征的个人信用评估研究的热点和难点主要集中在以下三个方面：一是信用数据的异构性问题，通过对与个人信用评估相关的指标的分析可以看出，与个人信用评估相关的数据十分庞杂，且各类数据源的数据类型、表达方式、语义以及管理主体不尽相同，如何有效地将各类数据组织在一起是需要进一步研究的难题；二是信用数据源的分散性，与个人信用相关的数据源不是集中统一管理的，而是分属于不同机构，在使用数据源进行个人信用评估时需要解决数据的快速、准确传输的问题；三是数据源的独立性，各类数据都由自身的数据库管理系统进行日常维护，并不属于信用评估机构，这为数据的集成提出了新的挑战。

综上所述，数据集成仍然是保证个人信用评估结果准确高效的首要关键因素。国内在该领域方面的研究相对滞后，我们应结合自身的国情，并借鉴国外先进的技术和思想为我国的信用体系的建设和不断完善提供有力的理论依据和实践经验。

参 考 文 献

[1] 秦永彬, 冯丽, 陈艳平, 等. 智慧法院中数据融合分析与集成应用示范[J]. 大数据, 2019, (3): 35-46.

[2] 高嘉乐, 邢清华, 梁志兵. 空天高速目标探测跟踪传感器资源调度模型与算法[J]. 系统工程与电子技术, 2019, 41 (10): 2243-2251.

[3] 陈翠霞, 王小龙, 蒋太交, 等. 基于多源异构大数据挖掘的流感病毒防控预测预警平台构建研究[J]. 中国生物工程杂志, 2020, 40 (1): 109-115.

[4] 李德伟, 黄高明. 多源异构海量训练数据实时处理技术研究[J]. 计算机与网络, 2019, 45(11): 58-61.

[5] 和敬涵, 李猛, 罗国敏, 等. 面向韧性提升的异构多源交直流配电网保护与故障恢复方法研究综述[J]. 供用电, 2019, 36(7): 2-7, 12.

[6] 柳原. 多源异构数据整合系统在医疗大数据中的研究[J]. 电子制作, 2019(14): 64-65.

[7] 郭怀东, 侯新伟, 胡玉平. 基于电力物联网多源异构数据分析的变电站智能健康系统的研究[J]. 电气技术与经济, 2019(3): 1-2, 5.

[8] 丁遒劲, 曾建勋. 文献元数据集成管理研究[J]. 情报学报, 2019, 38(6): 568-577.

[9] 胡若彤, 于树松, 侯瑞春, 等. 基于D-S证据体的异构日志文件融合方法[J]. 制造业自动化, 2019, 41(7): 151-156.

[10] 翟书颖, 郝少阳, 杨琪, 等. 多源异构数据融合的智能商业选址推荐算法[J]. 现代电子技术, 2019, 42(14): 182-186.

[11] 孙辉, 余莹. 自然环境下基于异构多源的边缘计算公共安全系统[J]. 中兴通讯技术, 2019, 25(3): 43-49.

[12] Yu Liu. Multi-source heterogeneous data fusion based on perceptual semantics in narrow-band Internet of Things[J]. Personal and Ubiquitous Computing, 2019, 23(3/4).

[13] 王逸新, 丁金顺, 任宇. 基于多源异构数据融合的医共体共享技术研究与应用[J]. 电脑编程技巧与维护, 2019(3): 113-115.

[14] 马彦宏, 张华峰, 赵雪梅. 多源异构协议的用电信息采集模块设计及实现[J]. 信息技术, 2019(3): 141-143, 148.

[15] 王金地, 霍亮, 慕旭, 等. 一种基于复合金字塔模型的三维模型数据组织方法[J]. 测绘与空间地理信息, 2019, 42(4): 58-61.

[16] 杨杰, 范贵生, 虞慧群. 一种多源异构软件缺陷预测方法[J]. 小型微型计算机系统, 2019, 40(4): 851-855.

[17] 冀振燕, 皮怀雨, 姚伟娜. 融合多源异构数据的混合推荐模型[J]. 北京邮电大学学报, 2019, 42(1): 126-132.

[18] 贺晓勇. 多源异构大数据跨源调度方法仿真研究[J]. 计算机仿真, 2019, 36(3): 339-342.

[19] 赵佳钐, 李坤伦, 徐江, 等. 基于混合架构的高校多源异构数据集成系统[J]. 电子技术与软件工程, 2019(7): 160-162.

[20] 秦智慧. 基于大数据的"长沙市城市地理信息资源综合管理与智能应用平台"的研究与建设[J]. 矿山测量, 2019, 47(2): 47-50.

[21] 冯勇, 张丽颖, 顾兆旭, 等. 面向高校多源异构数据环境的元数据集成方法[J]. 辽宁大学学报(自然科学版), 2019, 46(2): 135-141.

[22] 徐云乾, 袁明道, 陈晓文, 等. 基于无损多源异构数据融合的水利工程隐蔽结构隐患探测技术?[J]. CT理论与应用研究, 2019, 28(2): 187-194.

[23] 吴宾, 娄铮铮, 叶阳东. 一种面向多源异构数据的协同过滤推荐算法[J]. 计算机研究与发展, 2019, 56(5): 1034-1047.

[24] 罗颖. 针对面向多源异构数据的数据集成中间件的设计与开发[J]. 网络安全技术与应用, 2019(6): 55-57.

[25] 陈亚东, 鲜国建, 赵瑞雪, 等. 基于ETL-KETTLE模式的苹果产业数据整合[J]. 江苏农业科学, 2019, 47(10): 230-234.

[26] 沈昌祥.用可信计算筑牢网络安全防线[J].杭州(周刊),2019(Z1):80-83.

[27] 高阳阳.智慧城市信息中枢研究[J].数字技术与应用,2019,37(4):93-94.

[28] 杜晓梦.大数据、小数据,我们该何去何从?[J].软件和集成电路,2019(6):36-38.

[29] 康绍舜.面向应急物流的数据汇聚系统的设计与实现[D].北京:北京邮电大学,2019.

[30] 张远亮.分布式异构图聚类算法研究[D].杭州:浙江大学,2019.

[31] 孙跃明.鹤岗市建设项目审计监察信息系统的研究与实现[D].哈尔滨:哈尔滨理工大学,2019.

[32] 蒋子规.面向电力大数据的用户用电行为挖掘方法[D].北京:北京邮电大学,2019.

[33] 梁婷婷.基于异构数据融合的服务发现与推荐研究[D].杭州:浙江大学,2019.

[34] 李奥伟.农业面源和重金属污染检测硬件通信与数据采集App设计[D].廊坊:北华航天工业学院,2019.

[35] 刘军建.基于多源交通数据的路况分析与研究[D].深圳:中国科学院大学(中国科学院深圳先进技术研究院),2019.

[36] 邱丰羽.融合多源异构数据的推荐模型与系统[D].南京:南京大学,2019.

[37] 刘绍廷.面向多源异构日志的关联与分类研究[D].郑州:郑州大学,2019.

[38] 周永章.地质大数据、机器学习、人工智能研究进展[C]//中国矿物岩石地球化学学会.中国矿物岩石地球化学学会第17届学术年会论文摘要集,2019:2.

[39] 韩黎晶,袁凌云.物联网多源异构数据的自动语义标注方法研究[J].昆明学院学报,2018,40(3):70-74.

[40] 陆妍玲,李景文,叶苏娴,等.扩展流数据立方体的GIS时空大数据组织方

法[J].测绘通报,2018(8):115-118.

[41] 肖禾,王馨怡,陈甲全,等.联合国可持续发展目标监测的数据供应需求探讨[J].中国人口·资源与环境,2018,28(S1):1-4.

[42] 郑元华.不动产登记林权存量数据整合探究——以南平市建阳区为例[J].科技经济导刊,2018,26(22):201,203.

[43] 刘鹏,李宏敏,程清,等.多源异构数据库之间的实时同步复制技术[J].中国科技信息,2018(16):91-92.

[44] 单霖.物流物联网异构数据集成方法研究[J].科学技术创新,2018(23):71-72.

[45] 张书瑜,张定祥,王荣彬,等.多源异构土地基础数据一体化管理检索方法研究[J].浙江大学学报(理学版),2018,45(5):589-594.

[46] 毕金强,辛全波,许家帅,等.航道通航时空数据组织与可视化表达研究[J].山东科学,2018,31(4):110-117.

[47] 翟珂,李东霖,李新锋.基于XML中间件的多源异构水污染源数据集成方案探讨[J].测绘与空间地理信息,2018,41(9):121-124.

[48] 张小龙,戚欣,王婉.面向网络大数据的建设项目施工领域知识融合框架研究[J].工程建设,2018,50(8):21-24.

[49] 徐砚,谷鹏.电力监控网大数据分析平台研究与设计[J].通信技术,2018,51(8):1908-1913.

[50] 李国栋,陈军,汤涛林,等.渔业船联网关键技术发展现状和趋势研究[J].渔业现代化,2018,45(4):49-58.

[51] 周春静.多源异构地质信息集成系统设计与研究[J].资源信息与工程,2018,33(5):195-196,198.

[52] 张海英.电力信息采集系统监测中的多源异构通信协议[J].山东工业技术,2018(23):120.

[53] 杨明.多源异构数据库之间的实时同步复制技术研究[J].计算机产品与流通,2018(8):66.

[54] 林萍,蒋善超,陈永明,等.多源异构大米品质等级非线性高光谱信息耦合识别模型研究[J].江苏农业科学,2018,46(20):261-263.

[55] 秦昊,张晶,高珺,等.异构水文信息系统间的数据共享技术[J].中国防汛抗旱,2018,28(11):40-43,48.

[56] 陆冠华,郝明瑞,胡松,等.基于FMI的飞行器分系统多源异构模型一体化仿真[J].导航定位与授时,2018,5(6):99-104.

[57] 陆保国,雷斌.面向数据中心的多源异构数据统一访问框架[J].指挥信息系统与技术,2018,9(5):91-95.

[58] 李向东,丁树奇,彭铖.山西省:基于微服务架构科技大数据综合服务平台[J].中国信息界,2018(5):88-89.

[59] 刘同来,韩飞,张万桢.基于MapReduce的海洋异构数据快速检索方法[J].桂林电子科技大学学报,2018,38(5):407-410.

[60] 王若贤.基于大数据环境下学生管理系统的多源异构数据集成研究[J].电子世界,2018(20):26-27.

[61] 王建民,王晨,刘英博,等.大数据系统软件创新平台与生态建设[J].大数据,2018,4(5):104-112.

[62] 吕挑.厚松散层下开采地表沉陷规律及预测方法研究[D].淮南:安徽理工大学,2017.

[63] 缪谨励,陶留锋,谢飞,等.基于虚拟数据库技术建立国土规划数据集成模型研究[J].地理信息世界,2016,23(4):31-36,49.

[64] 倪芳,曾辉,卓辉,等.Web服务在多源异构农业数据融合上的应用研究[J].计算机技术与发展,2016,26(8):129-133.

[65] 余永城,翁秋华,朱添福.多源异构气象区域站数据集成技术研究[J].数字技术与应用,2017(4):64-66.

[66] 刘基阳.面向多源异构数据的数据集成中间件的设计与开发[D].成都:电子科技大学,2018.

[67] 李泽江.电力系统多源异构数据优化管理技术的研究及应用[D].兰州:兰州理工大学,2016.

[68] 马天玉.机场多源异构型数据采集与融合方法研究[D].天津:中国民航大学,2016.

[69] 杨婷.基于X3D标准的多源异构地质模型三维可视化的方案研究[D].

西安：长安大学, 2015.

[70] 肖爽. 基于多流形学习的多源异构安全数据处理分析[D]. 哈尔滨：哈尔滨工程大学, 2018.

[71] 葛丹凤. 多源异构的网络感知信息的元数据组织方法研究[D]. 重庆：重庆邮电大学, 2017.

[72] 苏秋月, 陈兴蜀, 罗永刚. 大数据环境下多源异构数据的访问控制模型[J]. 网络与信息安全学报, 2019, 5(1)：78-86.

[73] 犹锋, 赵裕啸, 茅海泉. 多源异构电网运行时标量测数据接入方案设计[J]. 计算机测量与控制, 2017, 25(12)：251-254, 258.

[74] 郏奎奎, 刘海滨. 基于HGAV的多源异构数据集成方法[J]. 计算机系统应用, 2018, 27(3)：27-35.

[75] 刘金晶, 曹文洁. 基于本体论的多源异构数据集成方法研究[J]. 软件导刊, 2018, 17(3)：198-200.

[76] 陈健, 左秀然, 杨国良. 基于KETTLE的医院多源异构数据集成研究及分析[J]. 中国数字医学, 2018, 13(3)：35-37.

[77] 陆佳炜, 卢成炳, 王辰昊, 等. 基于USDR模型的云推荐方法研究[J]. 计算机测量与控制, 2018, 26(8)：227-232, 237.

[78] 唐晓波, 刘广超. 基于两层知识融合的金融知识服务模型研究[J]. 图书馆学研究, 2018(16)：79-85.

[79] 肖红江, 郑冠雯, 贾宏君, 等. 多源异构收视大数据平台架构及应用探究[J]. 广播与电视技术, 2018, 45(7)：33-37.

[80] 宋丹, 何宏, 丰霞. 高校学生的大数据分析、预测与个性化教育研究[J]. 湖南工程学院学报(社会科学版), 2018, 28(3)：92-95.

[81] 琚春华, 邹江波, 傅小康. 融入区块链技术的大数据征信平台的设计与应用研究[J]. 计算机科学, 2018, 45(S2)：522-526, 552.

[82] 姚静天. 基于项目搭配度的大数据推荐算法研究[D]. 南京：南京理工大学, 2017.

[83] 王贞灵, 薛锐, 陈驰, 等. 多源异构数据的云平台安全态势评估系统[J]. 网络新媒体技术, 2017, 6(3)：8-13.

[84] 刘自力,范军丽,陈文伟,等.面向多源异构信息的频繁项集挖掘算法[J]. 计算机技术与发展, 2017, 27(6): 76-80.

[85] 邱世广,陈雪梅.支持 3D 分析的多源异构测量数据快速分析技术[J].制造技术与机床, 2017(9): 132-136.

[86] 张春,袁天宁.针对动车组全生命周期集成管理的多源异构数据融合框架设计[J].计算机与现代化, 2017(10): 36-41.

[87] 贺雅琪. 多源异构数据融合关键技术研究及其应用[D].成都：电子科技大学, 2018.

[88] 汤玥. 大数据环境下异构知识融合方法研究[D].西安：陕西师范大学, 2016.

[89] 袁天宁. 动车组全生命周期多源异构数据融合方法的研究与实现[D].北京：北京交通大学, 2017.

[90] 马晓红. 以人物为中心的多源异构公开网络数据的关联整合与可视分析[D].杭州：浙江大学, 2015.

[91] 贾欢. 多源异构钻井信息集成技术研究及应用[D]. 西安：西安石油大学, 2017.

[92] 黄涛. 基于 SuperMap 的多源异构气象数据的实时预处理模型研究与应用[D].南京：南京信息工程大学, 2013.

[93] 李冰,赵之年,吴迪,等.基于空间数据库的多源异构卫星数据一体化管理研究[J].测绘与空间地理信息, 2017, 40(12): 96-100.

[94] 涂俊英.云计算下多源异构大数据跨源调度算法[J].科学技术与工程, 2017, 17(34): 268-272.

[95] 马洲俊,樊飞龙,王勇,等.基于多源异构数据的配电网故障信息挖掘与诊断[J].供用电, 2018, 35(08): 31-39.

[96] 李黎,华奎,姜昀芫,等.输电线路多源异构数据处理关键技术研究综述[J].广东电力, 2018, 31(8): 124-133.

[97] 马天男,王超,彭丽霖,等.多源异构大数据下综合能源系统用户用能行为预测分析研究[J].智慧电力, 2018, 46(10): 86-95.

[98] 刘强,卓洁,郎自强,秦泗钊.数据驱动的工业过程运行监控与自优化研究

展望[J].自动化学报,2018,44(11):1944-1956.

[99] 李满春,李翔,周琛,等.多源异构地理数据并行集成技术研究[J].地理信息世界,2015,22(06):1-6.

[100] 佟明川,陈明锐,许斌,等.基于多源异构数据的市政管理知识库构建[J].海南大学学报(自然科学版),2016,34(3):228-236.

[101] 吴洪桥,张敬波,何维,等.多源影像数据集成管理与应用的技术框架研究[J].国土资源信息化,2013(5):3-7.

[102] 常志朋,陈立荣.多源异构数据环境下基于模糊积分融合的公租房退出方法[J].运筹与管理,2017,26(7):193-199.

[103] 陈毅飞.基于多源异构数据的杨凌水肥信息管理系统研究[D].咸阳:西北农林科技大学,2015.

[104] 王瑞杰.面向电力调度控制系统的多源异构数据处理方法研究[D].北京:华北电力大学(北京),2017.

[105] 王浩坤.高速公路多源异构交通数据融合与预测方法研究[D].长春:吉林大学,2015.

[106] 汪少敏,王铮.基于异构关联的大数据价值密度提升方法[J].电信科学,2017,33(12):107-113.

[107] 蒋秉川,万刚,许剑,等.多源异构数据的大规模地理知识图谱构建[J].测绘学报,2018,47(8):1051-1061.

[108] 林耀进.多源环境中数据预处理与模式挖掘的研究[D].合肥:合肥工业大学,2014.

[109] 张驰.农产品透明供应链关键技术及其应用研究[D].北京:中国农业大学,2017.

[110] 张晓勇.基于多源异构数据融合的概念层次体系构建及其应用研究[D].南京:南京理工大学,2017.

[111] 周高星.基于农业物联网多源异构传感网络的研究与实现[D].厦门:华侨大学,2017.

[112] 吴润泽,蔡永涛,陈文伟,等.面向多源异构数据源的实际范围索引树索引方法[J].电力系统自动化,2016,40(11):121-125,131.

[113] 刘婧.基于元数据的多源异构海洋情报数据交互共享研究[J].情报杂志,2016,35(9):168-173.

[114] 蔡静,陈艳艳,张明辉,等.以污染物排放分析为目标的外埠进京货车多源异构数据应用[J].北京工业大学学报,2017,43(3):428-433.

[115] 曾汪旺,谢颖夫,胡光阔.医院多源异构医疗数据整合方法研究[J].中国卫生信息管理杂志,2017,14(2):197-200+204.

[116] 张瑶,李蜀瑜,汤玥.大数据下的多源异构知识融合算法研究[J].计算机技术与发展,2017,27(9):12-16.

[117] 潘可佳,王鑫,杨帆,等.面向电力大数据的多源异构数据融合技术研究[J].机械与电子,2017,35(9):7-11.

[118] 王延松,戚湧,李千目.多源异构传感通信大数据的融合调度算法[J].软件,2017,38(10):29-38.

[119] 韩双旺.一种基于XML的WebGIS多源异构数据集成方案[J].中央民族大学学报(自然科学版),2010,19(3):56-62,68.

[120] 曹云舒.多源异构交通数据质量控制关键技术研究[D].长春:吉林大学,2015.

[121] 耿焕同,张明哲,张勇.多源异构数据的多维决策分析与可视化方法[J].信息技术,2013(11):49-53.

[122] 王晓晖.支持多源异构流数据汇集的通信服务器设计与实现[D].北京:北方工业大学,2016.

[123] 阿辽沙·叶.用电信息采集系统中多源异构通信协议设计[J].现代电子技术,2018,41(2):145-147,151.

[124] 张琳,李小平,张少刚,等.基于远程教学视点下的大数据挖掘模式问题研究[J].中国电化教育,2018(4):41-49.

[125] 刘馨蕊.矿山生产数据集成系统构建与应用研究[D].沈阳:东北大学,2013.

[126] 陆佳炜,王辰昊,肖刚,等.面向多源异构数据的云推送平台的研究与应用[J].计算机科学,2016,43(S1):533-537,567.

[127] 惠国保.一种基于深度学习的多源异构数据融合方法[J].现代导

航, 2017, 8(3)：218-223.

[128] 王思叶, 景翔, 罗元剑, 等. 多源异构的动态目标跟踪技术研究[J]. 计算机工程与设计, 2014, 35(7)：2572-2576.

[129] 缪谨励, 李景朝, 陶留锋. 基于 GML 的国土规划多源异构数据集成模型[J]. 地质通报, 2014, 33(10)：1571-1577.

[130] 黄华梅, 杨宝祝, 邢斌, 等. 农产品安全生产管理的图形组态软件多源异构数据处理[J]. 农业工程学报, 2009, 25(S2)：308-313.

[131] 张培, 黄智源, 陈琨, 等. 数字化车间多源异构质量数据集成方案研究[J]. 现代制造工程, 2015(1)：59-65.

[132] 郭馨蔚. 多源异构数据的跨域关联方法研究及应用[D]. 成都：电子科技大学, 2016.

[133] 全思湘. 基于 GML 的多源异构空间数据集成技术研究[D]. 昆明：昆明理工大学, 2011.

[134] 樊俊青. 面向滑坡监测的多源异构传感器信息融合方法研究[D]. 北京：中国地质大学, 2015.

[135] 吴红星. 面向多业态集团企业多源异构数据的协同系统集成方法研究[D]. 合肥：合肥工业大学, 2015.

[136] 于亚秀, 李欣, 鲁丹, 等. 基于多源异构数据库融合创新决策支持服务——以华东师范大学学科评估系统为例[J]. 图书馆学研究, 2017(4)：74-78.

[137] 何朝阳, 巨能攀, 范强, 等. 多源异构地质灾害监测数据集成技术研究[J]. 人民长江, 2014, 45(13)：94-98.

[138] 马倩, 曹宝香, 马兆丰, 等. 基于构件的多源异构数据集成技术研究[J]. 山东科学, 2011, 24(5)：63-66, 75.

[139] 曾汪旺, 谢颖夫, 胡光阔. 多源异构数据整合系统在医疗大数据中的应用[J]. 价值工程, 2017, 36(8)：80-82.

[140] 梁庆发, 梁志宇, 郑国珊. 基于 GIS 的多源异构数据整合方法研究[J]. 测绘与空间地理信息, 2015, 38(6)：144-146.

[141] 钟德伟. 基于云 GIS 的国土多源异构数据共享应用研究[D]. 桂林：广

西师范大学, 2015.

[142] 程春泉. 多源异构遥感影像联合定位模型研究[D]. 徐州：中国矿业大学, 2010.

[143] 刘岩, 王华, 秦叶阳, 朱兴杰. 智慧城市多源异构大数据处理框架[J]. 大数据, 2017, 3(1)：51-60.

[144] 张永华, 肖文名, 何婉文. 基于GML的多源异构空间数据整合系统[J]. 测绘与空间地理信息, 2009, 32(6)：137-140.

[145] 石宇, 詹明, 尹璐, 等. 面向对象的多源异构数据关联组织与分析[J]. 测绘通报, 2015(1)：102-104.

[146] 李斌勇, 韩敏, 孙林夫, 等. 面向汽车产业链的云服务平台数据交换研究[J]. 计算机应用研究, 2015, 32(5)：1403-1408，1436.

[147] 查改琴, 褚伟. 家庭物联网中多源异构数据存储方案选择及建模[J]. 现代计算机(专业版), 2015(14)：22-27.

[148] 许元斌. 基于电力大数据的多源异构参数融合方法的研究与应用[J]. 电子设计工程, 2016, 24(14)：14-16.

[149] 葛磊蛟, 王守相, 王尧, 等. 多源异构的智能配用电数据存储处理技术[J]. 电工技术学报, 2015, 30(S2)：159-168.

[150] 姚庆华, 和永军, 缪应锋. 面向综合智能交通系统的多源异构数据集成框架研究[J]. 云南大学学报(自然科学版), 2017, 39(S1)：41-45.

[151] 周爱华, 戴江鹏, 丁杰, 等. 面向多源异构电网数据的获取与转换技术研究[J]. 电力信息与通信技术, 2015, 13(7)：22-27.

[152] 张磊. 多源异构地图数据的在线集成研究[D]. 南昌：东华理工大学, 2012.

[153] 谢绍锋. 基于WebService的林业分布式多源异构数据集成技术研究[J]. 中南林业调查规划, 2010, 29(4)：25-29.

[154] 詹国华, 何炎雯, 李志华. 智能健康管理多源异构数据融合体系与方法[J]. 计算机应用与软件, 2012, 29(9)：37-40.

[155] 郭创新, 熊世旺, 张行, 等. 输变电设备全景信息的多源异构数据聚合方法[J]. 高电压技术, 2015, 41(12)：3888-3894.

[156] 沈鑫,曹敏,薛武,等.基于多源异构数据聚合技术的电力物联网设备全景信息构架模型研究与应用[J].南方电网技术,2016,10(2):48-55.

[157] 姜建华,洪年松,张广云.一种多源异构数据融合方法及其应用研究[J].电子设计工程,2016,24(12):33-36.

[158] 田磊,覃征,衡星辰,等.基于本体的多源异构 XML 数据近似查询方法[J].西安交通大学学报,2007(6):702-706.

[159] 许小明.多源异构日志的数据归并和预处理技术[D].哈尔滨:哈尔滨工程大学,2009.

[160] 徐英卓.基于 XML 的多源异构钻井数据集成与共享平台[J].石油学报,2006(4):110-114.

[161] 耿焕同,黄涛,薛丰昌.多源异构海量数据实时处理平台研究与应用[J].计算机应用与软件,2014,31(1):43-46,61.

[162] 陈栋.多源异构农业感知数据接入系统的设计与实现[D].泰安:山东农业大学,2014.

[163] 余乐清.基于XML 的多源异构数据集成系统的研究与实现[D].西安:西安电子科技大学,2011.

[164] 庄天天.安全运维平台关键技术的研究与实现[D].北京:北京邮电大学,2013.

[165] 耿玉水.面向集团企业的数据集成模型构建方法研究[D].天津:天津大学,2013.

[166] 刘充.基于 KETTLE 的高校多源异构数据集成研究及实践[J].电子设计工程,2015,23(10):24-26.

[167] 张文江.地质灾害数据集成关键技术研究[D].成都:成都理工大学,2013.

[168] 吴焕,王晓箴,潘林,等.基于 LINQ 的多源异构数据查询中间件[J].计算机工程,2011,37(2):1-3.

[169] 孟宇龙.基于本体的多源异构安全数据聚合[D].哈尔滨:哈尔滨工程大学,2010.

[170] 李亢,李新明,刘东.多源异构装备数据集成研究综述[J].中国电子科学

研究院学报, 2015, 10(2): 162-168.

[171] 尹志华, 唐斌. 多源异构空间数据集成模型的研究[J]. 测绘科学, 2011, 36(2): 162-164.

[172] 李文闯, 章永平, 潘瑜春. 移动地理信息系统中的多源异构数据融合模型[J]. 计算机应用, 2012, 32(9): 2672-2674, 2678.

[173] 李建军, 陈洪辉, 胡爱国, 等. 基于GML的多源异构空间数据协同集成[J]. 计算机工程, 2004(23): 34-36.

[174] 童亮. 数控机床网络化集成运行模式及关键集成技术研究[D]. 重庆: 重庆大学, 2011.

[175] 李国清, 胡乃联, 陈玉民. 数字矿山中多源异构数据融合技术研究[J]. 中国矿业, 2011, 20(4): 89-93.

[176] 胡永利, 朴星霖, 孙艳丰, 等. 多源异构感知数据融合方法及其在目标定位跟踪中的应用[J]. 中国科学: 信息科学, 2013, 43(10): 1288-1306.

[177] 李玉翠. 多源异构数据集成技术研究[D]. 西安: 西安电子科技大学, 2009.

[178] 李鹏. 面向地质勘查的多源异构数据集成关键技术研究[D]. 北京: 中国地质大学, 2013.

[179] 苏红军, 盛业华, 温永宁, 等. 面向虚拟地理环境的多源异构数据集成方法[J]. 地球信息科学学报, 2009, 11(3): 292-298.

[180] 江卫东, 夏士雄, 夏战国. 基于GML的多源异构空间数据集成研究[J]. 计算机工程与设计, 2007(14): 3310-3311, 3356.

[181] 胡茂胜. 基于数据中心模式的分布式异构空间数据无缝集成技术研究[D]. 北京: 中国地质大学, 2009.

[182] 刘占伟, 刘厚泉. 基于GML的多源异构空间数据集成系统的设计[J]. 计算机工程与设计, 2007(8): 1962-1965.

[183] 黄冬梅, 张弛, 杜继鹏, 等. 数字海洋中海量多源异构空间数据集成研究[J]. 海洋环境科学, 2012, 31(1): 111-113, 119.

[184] 周津. 物联网环境下信息融合基础理论与关键技术研究[D]. 长春: 吉林大学, 2014.

[185] 赖积保. 基于异构传感器的网络安全态势感知若干关键技术研究[D]. 哈尔滨：哈尔滨工程大学, 2009.

[186] 宋晓红, 张立朝, 禄丰年, 李向阳, 付治河, 王品. 地理国情普查中多源异构数据整合研究[J]. 测绘通报, 2014(9)：104-107.

[187] 赵新勇. 基于多源异构数据的高速公路交通安全评估方法[D]. 哈尔滨：哈尔滨工业大学, 2013.

[188] 姚崇东. 基于XML的多源异构数据集成的实现方法研究[D]. 哈尔滨：哈尔滨工程大学, 2007.

[189] 邓中伟. 面向交通服务的多源移动轨迹数据挖掘与多尺度居民活动的知识发现[D]. 上海：华东师范大学, 2012.

[190] 宋杰, 谢海宁, 杨增辉, 等. 基于多源异构数据挖掘的配电网故障信息统计分析[J]. 电力系统保护与控制, 2016, 44(3)：141-147.

[191] 宋光慧. 基于迁移学习与深度卷积特征的图像标注方法研究[D]. 杭州：浙江大学, 2017.

[192] 吴倩红, 高军, 侯广松, 等. 实现影响因素多源异构融合的短期负荷预测支持向量机算法[J]. 电力系统自动化, 2016, 40(15)：67-72+92.

[193] 周顺平, 魏利萍, 万波, 等. 多源异构空间数据集成的研究[J]. 测绘通报, 2008(5)：25-27, 39.